海南软件职业技术学院2011年院级规划教材建设资助项目
职业教育"十二五"规划教材

网页设计与制作案例教程

主　编　符于江　郝海妍　　陈经优
副主编　潘　萍　肖自乾
主　审　周仁云

国防工业出版社
National Defense Industry Press

内 容 简 介

Dreamweaver 是目前最为流行的可视化 Web 开发工具,其功能强大且简单易学。本书紧跟当前高职高专院校的教学改革步伐、遵循案例教学思路而编写,以 Adobe Dreamweaver CS5 为开发工具,通过丰富的章节案例和任务驱动,详细介绍了网页设计与制作的方法和技巧,每个章节模块后均配有上机实训项目。全书共分 14 章,主要包括 Dreamweaver 基础,在页面中插入图、文、声像、超链接等媒体,应用框架、HTML 语言、Div + CSS、模版等进行页面布局,内置行为和插件的应用,以及表单和 Spry 框架的具体应用,网站发布与管理等。

本书最大的特点是以案例教学、任务驱动为主线,结构清晰、重点突出、选例典型,突出实践能力,力求做到理论学习与实际操作相结合。本书每章节都配有上机实训指导,同时配有供教师上课使用的电子教案。本书非常适合作为中、高职院校网页设计与制作的教材使用,也可供网页设计与制作技术培训班的学生使用。

图书在版编目(CIP)数据

网页设计与制作案例教程/符于江,郝海妍,陈经优主编. —北京:国防工业出版社,2015.10
职业教育"十二五"规划教材
ISBN 978 - 7 - 118 - 10287 - 1

Ⅰ.①网... Ⅱ.①符...②郝...③陈... Ⅲ.①网页制作工具 - 高等职业教育 - 教材 Ⅳ.①TP393.092

中国版本图书馆 CIP 数据核字(2015)第 253794 号

※

*国防工业出版社*出版发行
(北京市海淀区紫竹院南路 23 号 邮政编码 100048)
北京奥鑫印刷厂印刷
新华书店经售
*
开本 787 × 1092 1/16 印张 15 字数 370 千字
2015 年 10 月第 1 版第 1 次印刷 印数 1—3000 册 定价 29.80 元

(本书如有印装错误,我社负责调换)

国防书店:(010)88540777   发行邮购:(010)88540776
发行传真:(010)88540755   发行业务:(010)88540717

Dreamweaver CS5 是由 Adobe 公司开发的网页设计与制作软件。它功能强大、易学易用，深受网页制作爱好者和网页设计师的喜爱，已成为网页设计与制作领域最流行的软件之一。

本书由网页设计与制作课程教学一线的三位教师和一位经验丰富的电子商务企业培训师合作共同编写而成。本书形式新颖、内容丰富，设计编排符合高职高专学生的认知水平，有利于学生网页设计技能的提高。本书的主要特点有：

◇ 案例典型、目标明确。本书按照网页设计与制作的知识点，通过一系列"由简到繁、由易到难、承前启后"的阶梯式案例进行讲解。每个案例目标明确，并起到举一反三的作用。学生在案例学习过程中，能有效地掌握网页设计与制作的流程和知识要点，提高学生解决实际问题的方法和能力。

◇ 任务驱动教学。本书围绕学习任务，通过详细的操作步骤，介绍必要的、常用的制作流程、知识和技能，使学生轻松掌握网页设计与制作技术的有关操作方法和基本概念。

◇ 编写体系合理。编者对本书的编写体系进行了精心设计。全书分为 14 章，第 1,2 章介绍了网页版式设计、基本组成元素与色彩搭配，设计与制作流程，站点创建和管理；第 3 ~ 13 章系统介绍了网页设计与制作的方法和基本技能；第 14 章介绍了基于 HTML 语言的企业网站前台综合实例制作过程。

◇ 内容安排科学。本书以网页设计与制作的方法和过程为主线，结合案例教学、任务驱动进行讲解，把案例学习与介绍知识融于一体。在编写内容安排上由浅入深、逐步拓宽，章节组织以实例贯穿、条理清晰，编写手法图文并茂、通俗易懂，用户只需按照书中实例的操作步骤学习，就可以轻松地掌握网页设计与制作的方法和技能。

本书非常适合高职高专院校学生学习，也可作为社会各培训机构网页设计与制作的培训教材，或广大计算机爱好者的自学参考读物。本书每章节都配有上机实训指导，同时配有供教师上课使用的电子教案。

本书由海南软件职业技术学院符于江、郝海妍、陈经优主编，符于江统稿，周仁云主审。全书编写分工如下：陈经优编写第 1、3、4 章，肖自乾编写第 2、6、11 章，符于江编写第 5、7、8 章，郝海妍编写第 9、10、12 章，潘萍编写第 13、14 章。来自电子商务企业的培训师王小琴对部分教材内容及案例选材进行了策划指导。

在本教材的编写过程中，由于编者时间仓促，书中难免有疏漏和不妥之处，敬请广大读者批评指正。

目 录

第 1 章 网页设计基础

技能目标：
✧ 使学生掌握网站设计与制作的流程。
✧ 使学生熟悉 Dreamweaver CS5 的开发环境。

知识目标：
✧ 了解网页相关的基本概念。
✧ 了解网页的基本组成元素。
✧ 了解网页的版式布局及色彩搭配。

任务导入

在信息时代的今天，上网已经成为很多人工作、生活中必不可少的一部分，这很大程度上是由于网页承载了任何一种媒介都无法比拟的丰富的资源。要制作出令人满意的网页，不仅要熟练掌握计算机网络、网页开发工具、网页美工设计以及作为网页基本结构的 HTML 标签语言等多方面的基本知识，而且还要了解网页和网站的实质、网页的组成元素等。

在学习制作网页之前，首先通过赏析优秀网页作品，认识网页的基本组成元素，认识网页的版式设计与色彩搭配，掌握网页设计与制作的基本流程等。

任务案例

启动浏览器(如 IE 浏览器)，然后在地址栏中输入相应的地址(光盘\第 1 章\案例\1-1\index.html)并按 Enter 键就能浏览该网页。读者也可直接找到需要浏览的网页文档，直接双击该文档，即可浏览该网页。文件夹 1-1 中的网页 index.html 的浏览效果如图 1-1 所示，观察该网页中的基本组成元素、网页版式设计和色彩搭配。

任务解析

"社区之家"页面是一家社区网站的首页。该页面主要以黄色为背景色，鲜艳的绿色为主体颜色，整体呈现出生机勃勃的社区生活。通过分析该页面掌握网页组成的基本元素，掌握网页板式设计与色彩搭配，熟悉网站的开发流程及开发环境等。

流程设计

完成本章任务设计流程如下：

图 1-1 "社区之家"网页

(效果: 光盘\ch1\效果\任务案例\index.html)

①赏析"社区之家"网站首页;→②了解网页的相关概念及术语;→③分析网页的基本组成、版式布局和色彩搭配;→④讲解网站的设计与制作流程;→⑤熟悉网站的开发环境。

任务实现

任务 1   网页相关的基本概念

随着互联网的迅速推广,越来越多的人得益于网络的发展和壮大,每天都有无数的信息在网络上传播,人们在其中徜徉搜索,各得其乐。而形态各异、内容繁杂的网页就是这些信息的载体,那么网页究竟是什么?而网站又是什么?它们究竟有什么相同点与不同点?

1. 网页与网站

当浏览者输入某个网站的网址或单击某个链接时,在浏览器里会看到文字、图片,可能还有动画、音频、视频等内容,而承载这些内容的就是网页,如图 1-2 所示就是一个网页。网页浏览是互联网应用最广的功能,网页是网站的基本组成部分。

而网站,就是各种各样内容网页的集合,有的网站内容庞杂,如新浪、网易这样的门户网站;有的网站可能只有几个页面,如小型的公司网站,但是它们都是由最基本的网页组合起来的。

在这些网页中有一个特殊的页面,它是浏览者输入某个网站的域名后看到的第一个页面,因此这个页面有了一个专用的名称——主页(Homepage),也叫"首页"。例如,在浏览器中输入网址:http://www.baidu.com,打开看到的页面就是百度的首页。正因为主页是浏览一个网站的起始页,有的时候,"主页"就成了"网站"的代名词,如"个人主页",就不是指哪一个特定的页面,而是一个个人网站。

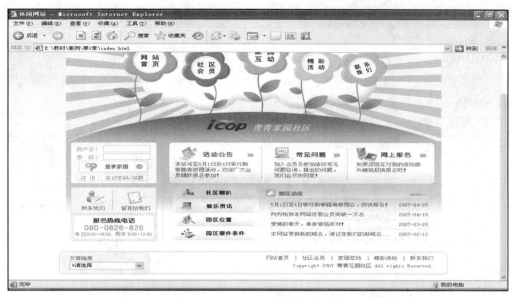

图 1-2　网页在浏览器中的效果

　　网页虽然看上去千姿百态，但是都是由 HTML 语言组成的，HTML 的意思是"Hypertext Markup Language"，中文翻译为"超文本标记语言"。在浏览一个页面时，要先把页面所对应的文件从提供这个文件的计算机里，通过 Internet 传送到浏览者的计算机中，再由 WWW 浏览器翻译成为我们见到的有文字、图像和声音的页面。这些页面对应的文件不再是普通的"文本文件"，而是除了包含文字信息外，还包含了一些具体的超链接，这些包含超链接的文件被称为"超文本文件"。

小贴士

　　关于 HTML 语言将在第 10 章进行更详细的介绍。

　　网页由网址(URL)来识别与存取，当浏览者在浏览器内输入网址后，经过一段复杂而又快速的程序，网页文件会被传送到浏览者的计算机内，然后浏览器把这些 HTML 代码"翻译"成图文并茂的网页。

2．静态网页与动态网页

　　网页按其表现形式来划分可分为静态网页和动态网页。

　　(1) 静态网页。在网站设计中，使用纯 HTML 格式的网页通常称为"静态网页"，它运行于客户端。早期的网站一般都是由静态网页组成的，它们是以 .htm，.html 和 . xml 等为扩展名的。静态网页只能浏览，不能实现客户端和服务器端的交流互动。在静态网页中，也可以出现各种动态的效果，如 GIF 格式的动画、Flash 影片、滚动字幕等，这些"动态效果"只是视觉上的，并不能实现客户端和服务器端的交互。

　　静态网页的基本特点归纳如下：

　　① 每个静态网页都有一个固定的 URL，且网页 URL 的扩展名为 .htm，.html 和.xml 等格式。

　　② 在将网页内容发布到网站服务器上之后，无论是否有用户访问，每个静态网页的内容

都是保存在网站服务器上的，也就是说，静态网页是实实在在保存在服务器上的文件，每个网页都是一个独立的文件。

③ 静态网页的内容相对稳定，因此容易被搜索引擎检索。

④ 静态网页没有数据库的支持，在网站制作和维护方面工作量较大，因此当网站信息量很大时完全依靠静态网页制作方式比较困难。

⑤ 静态网页的交互性较差，在功能方面有较大的限制。

(2) 动态网页。动态网页是指使用网页脚本语言，如 PHP、ASP、ASPX、ASRNET、JSP等，通过脚本将网站内容动态地存储到数据库，用户访问网站是通过读取数据库来动态生成网页的方法。网站上主要是一些框架基础，网页的内容大部分存储在数据库中。当然可以利用一定的技术使动态网页生成静态网页，这样有利于网站的优化，方便搜索引擎搜索。

动态网页的特点简要归纳如下：

① 动态网页以数据库技术为基础，可以大大降低网站维护的工作量。

② 采用动态网页技术的网站可以实现更多的功能，如用户注册、用户登录、在线调查、用户管理、订单管理等。

③ 动态网页实际上并不是独立地存在于服务器上的网页文件，只有当用户请求时，服务器才返回一个完整的网页。

④ 动态网页中的"?"在搜索引擎检索时存在一定的问题，搜索引擎一般不可能从一个网站的数据库中访问全部网页，或者出于技术方面的考虑，搜索蜘蛛不去抓取网址中"?"后面的内容，因此采用动态网页的网站在进行搜索引擎推广时，需要做一定的技术处理才能适应搜索引擎的要求。

静态网页和动态网页各有特点。网站采用静态网页还是动态网页主要取决于网站的功能需求和网站内容的多少。如果网站的功能比较简单，内容更新量不是很大，采用纯静态网页的方式会更简单；反之，一般要采用动态网页技术来实现。静态网页是网站建设的基础。静态网页和动态网页之间并不矛盾，在同一个网站上，静态网页内容和动态网页内容同时存在也是很常见的事情。

任务 2　网页的基本组成元素、版式布局和色彩搭配

1．网页的基本组成元素

虽然网页的形式和内容各不相同，但是组成网页的基本元素是大体相同的，一般包括以下几点，如图 1-3 所示。

(1) 文本：文本是网页的基本元素，是网页传递信息的主要载体。文本传输速度快，而且网页中的文本可以设置颜色等样式，风格独特的网页文本设置会给浏览者以赏心悦目的感觉。

小贴士

　　在网页中应用了某种字体样式后，如果浏览者的计算机中没有安装该种样式的字体，那么文本就会以计算机系统默认的字体显示出来，此时就无法显示出网页应有的效果了。

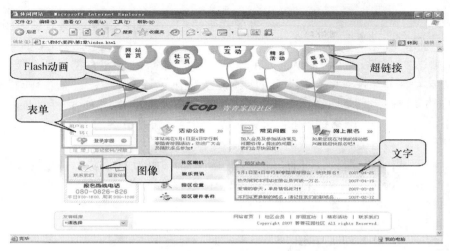

图 1-3　网页的基本组成元素

(2) 图像：丰富多彩的图像是美化网页必不可少的元素，图像给人的视觉效果要比文字强烈得多，在网页中灵活地应用图像可以起到点缀的效果，如图 1-3 所示。

网页上的图像文件大部分都是使用 JPG 和 GIF 格式，因为它们除了压缩比例高外，还具有跨平台特性。图像在网页中的应用主要有以下几种形式：

① 图像标题：在网页中一般都有标题，起到导航的作用，应用图像标题可以使网页更加美观。

② 网页背景：图像的另一个重要应用是作为网页背景，特别是一些个人网站，应用图像背景比较多。

③ 网页主图：在网页上，除了用小的图像美化网页外，有时还会用一些大的图片来突出网页主题，特别是主页中用主图的比较多。

④ 超链接：有时也可以用图片取代文字作为超链接按钮，使网页更加美观。

一般情况下，图像在网页中不可缺少，但也不能太多，因为图像的下载速度较慢，况且，如果网页上放置了过多的图片，会显得很乱。

(3) 超链接：超链接是网页中最为有趣的网页元素，在网页中单击超链接对象，即可实现在不同页面之间的跳转或者访问其他网站，以及下载文件或发送 E-mail。网页是否能够实现如此多的功能，取决于超链接的规划。无论是文本还是图像都可以加上超链接标签，当将鼠标指针移至超链接对象上时会变成小手形状，单击即可链接到相应地址(URL)的网页，这样才让浩如烟海的网页能连接成一个整体，这也正是网络的魅力所在。在一个完整的网站中，至少要包括站内链接和站外链接。

站内链接：如果网站规划了多个主题版块，必须给网站的首页加入超链接，让浏览者可以快速地转到感兴趣的页面。在各个子页面之间也要有超链接，并有能够回到主页的超链接。通过超链接，浏览者可以迅速地找到自己需要的信息。

站外链接：在制作的网站上放置一些与网站主题有关的对外链接，不但可以把好的网站介绍给浏览者，而且能使浏览者乐意再度光临该网站。如果对外链接信息很多，可以进行分类。

(4) 动画：动画是网页上最活跃的元素，通常制作优秀、创意出众的动画是吸引浏览者的最有效的方法。但如果网页中存有太多的动画，会使浏览者眼花缭乱，无心细看，所以现在对动画制作的要求越来越高。在网页中加入的动画一般是 GIF 格式的动画和 Flash 动画等。

(5) 音频/视频：随着网络技术的发展，网站上已经不再是单调的 MIDI 背景音乐，而丰富多彩的网络电视、博客等已经成为网络新潮流。

(6) 表单：是用来收集访问者信息或实现一些交互作用的网页，浏览者填写表单的方式是输入文本、选中单选按钮或复选框、从下拉菜单中选择选项等。

2．网页的版式布局

(1) 网页设计原则。

设计网页时，应注意以下几个原则。

① 主次分明，中心突出。在一个页面上，必须考虑视觉的中心，该中心一般在屏幕的中央或者在中间偏上的部位。因此，一些重要的文章和图片一般可以安排在这个部位，在视觉中心以外的地方就可以安排那些较次要的内容，这样在页面上就突出了重点，做到了主次分明。

② 大小搭配，相互呼应。较长的文章或标题不要编辑在一起，要有一定的距离；同样，较短的文章也不能编排在一起。对图片的安排也是如此，要互相错开，使大小图片之间有一定的间隔，这样可以使页面错落有致，避免网页内容重心的偏离。

③ 图文并茂，相得益彰。文字和图片具有一种相互补充的视觉关系，若页面上文字太多，就显得沉闷，缺乏生气；若页面上图片太多而缺少文字，必然会减少页面的信息容量。因此，最理想的效果是文字与图片的密切配合，互为衬托，既能活跃页面，又丰富了主页的内容。

④ 简洁一致。使页面保持简洁的常用做法是使用醒目的标题，这个标题常常采用图形来表示，但同样要求简洁。另一种保持简洁的做法是限制所用的字体和颜色的数目。一般地每个页面使用的字体不超过 3 种，使用的颜色少于 256 种，主题颜色通常只需要 2～3 种，并采用一种标准色。要保持一致性，可以从页面的排版下手，设定各个页面使用相同的页边距、文本，图形之间保持相同的间距。主要图形、标题或符号旁边留下相同的空白。

(2) 网页布局的基本元素。学习网页设计首先需要了解构成网页的基本元素，只有这样才能在页面设计中根据需要合理地组织和布局网页内容。一般地，网页的基本元素包括页面标题、网站标志、页面尺寸、导航栏、页眉和页脚。

① 页面标题。网站中的每个页面都有标题，用来提示该页面的主要内容。标题出现在浏览器的标题栏中，而不是出现在页面布局中。

② 网站标志。网站标志是一个站点的象征，是网站形象的重要体现。另外，网站标志在站点之间的互相链接中也扮演着重要的角色，因此也是一个站点是否正规的重要标志之一。一个好的标志可以很好地树立网站形象。成功的网站标志有着独特的形象标识，在网站的推广和宣传中将起到事半功倍的效果。网站标志应体现该网站的特色、内容以及其内在的文化内涵和理念。网站标志一般放在网站的左上角，访问者一眼就能看到它。网站标志通常有 3 种尺寸：88 像素×31 像素、120 像素×60 像素和 120 像素×90 像素。

③ 页面尺寸。由于页面尺寸和显示器的大小及分辨率有关系，而且浏览器也占去不少屏

幕空间，因此留给页面的空间十分有限。一般在显示器分辨率为 800 像素×600 像素的情况下，页面的显示尺寸为 780 像素×428 像素；在分辨率为 640 像素×480 像素的情况下，页面的显示尺寸为 620 像素×311 像素；在分辨率为 1024 像素×768 像素的情况下，页面的显示尺寸为 1000 像素×600 像素。可以看出，分辨率越高，相对应的页面尺寸越大。浏览器的工具栏也是影响页面尺寸的一个主要原因。一般地，浏览器的工具栏都可以取消或者增加，因此当显示全部工具栏和关闭全部工具栏时，页面的尺寸是不一样的。在网页设计的过程中，最好不要让访问者拖动页面超过 3 屏。如果确实需要在同一页面显示超过 3 屏的内容，那么最好能在网页顶部加上锚点链接，以方便访问者浏览。

④ 导航栏。导航栏既是网页设计中的重要组成部分，又是整个网站设计中的一个较独立的部分。一般来说，网站中的导航栏在各个页面中出现的位置是比较固定的，而且风格也较为一致。导航栏的位置对网站的结构与各个页面的整体布局起到举足轻重的作用。导航栏的位置一般有 4 种常见的显示位置：在页面的左侧、右侧、顶部和底部。有的在同一个页面中运用了多种导航栏，如有的在顶部设置了主菜单，而在页面的左侧又设置了折叠式的折叠菜单，同时又在页面的底部设置了多种链接，这样便增强了网站的可访问性。当然，并不是导航栏在页面中出现的次数越多越好，而是要合理地运用页面达到总体的协调一致。如果网页的页面比较长，最后在页面底部也设置一个导航栏，这样如果浏览者正在阅读页面底部的内容，就不用再拖动浏览器滚动条来选择页面顶部的导航栏，而可以直接使用页面底部的导航了。

⑤ 页眉和页脚。页眉指的是页面上端的部分。有的页面划分比较明显，有的页面则没有明确地区分页眉。页眉的风格一般要求和页面的整体风格保持一致，其作用是定义页面的主题，如站点的名字多数都显示在页眉里，这样访问者能很快知道这个站点是什么内容。页眉是整个页面设计的关键，它将牵涉到下面的更多设计和整个页面的协调性。页眉常用来放置站点的图片、公司标志、公司名称、宣传口号和广告语等，甚至有些网站将此设置为广告席位来招商。页脚和页眉应相互呼应。页眉是放置站点主题的地方，而页脚是放置网站相关联系信息的地方。

(3) 网页的布局方法。在制作网页前，可以先绘制出网页的草图。网页布局的方法有两种，第一种为纸上布局，第二种为软件布局，下面分别加以介绍。

① 纸上布局。许多网页设计人员不喜欢先绘制出页面布局的草图，而是直接在网页编辑工具里边设计布局边添加内容。这种方法不能设计出优秀的网页来，所以在开始制作网页时，首先应在纸上绘制出页面的布局草图。新建页面就像一张白纸，没有任何表格、框架和约定俗成的东西，尽可能地发挥想象力，将想到的"景象"添加上去。这属于创造阶段，不必讲究细腻工整，也不必考虑细节功能，只以粗陋的线条勾画出创意的轮廓即可。尽可能多地绘制几张草图，最后选定一个满意的来创作。

② 软件布局。如果不喜欢用纸来绘制布局意图，那么还可以利用 Photoshop、Fireworks 等软件来完成这些工作。不同于用纸来设计布局，利用软件可以方便地使用颜色、图形，并且可以利用层功能设计出用纸张无法实现的布局理念。

(4) 常见的版面布局形式。网页设计要讲究编排和布局，虽然网页设计不同于平面设计，但它们有许多相近之处，应加以利用和借鉴。网页的版面布局主要是指网站主页的版面布局，其他网页的版面与主页的风格应基本一致。为了达到最佳的视觉表现效果，应讲究整体布局的合理性，使浏览者有一个流畅的视觉体验。

设计版面布局前，应先画出版面的布局草图，接着对版面布局进行反复细划和调整，以确定最终的布局方案。常见的网页布局形式有"国"字型、"厂"字型、"框架"型、"封面"型和 Flash 型布局。

①"国"字型布局。"国"字型也可以称为"同"字型，最上面是网站的标志、广告及导航栏，下面是网站的主要内容，左、右分别列出一些栏目，中间是主要部分，底部是网站的一些基本信息、联系方式和版权声明等。这种结构是国内一些大中型网站最常见的布局方式。这种布局的优点是充分利用版面、信息量大，缺点是页面拥挤、不够灵活。

②"厂"字型布局。"厂"字型布局，其结构与"国"字型布局很相近。上面是标题及广告横幅，下面左侧是一窄列链接等提示项，右列是正文，底部也是一些网站的辅助信息。这种布局的优点是页面结构清晰、主次分明，是初学者最容易掌握的布局方法。其缺点是规矩呆板，如果在细节色彩上不注意，很容易让人产生视觉疲劳。

③"框架"型布局。"框架"型布局一般分为左右框架型、上下框架型及综合框架型等布局结构，其中一栏是导航栏目，一栏是正文信息。复杂的框架结构可以将页面分成许多部分，常见的是三栏布局，上部一栏用来放置图片广告，左边一栏用来显示导航栏，右边用来显示正文信息内容。

④"封面"型布局。"封面"型布局常出现在一些网站的首页，大部分为一些精美的平面设计结合一些小的动画，再放上几个简单的链接或者仅是一个"进入"的链接按钮，甚至直接在首页的图片上做链接而没有任何提示。如果处理得当，这种布局形式会给人带来赏心悦目的感觉。

⑤ Flash 型布局。这种布局与封面型结构类似，只是采用了目前非常流行的 Flash 技术，页面所表达的信息更为丰富，其视听效果如果处理得当，绝不弱于传统的多媒体。

以上总结了目前网页设计常见的布局方法，此外还有许多别具一格的布局形式，其关键在于创意和设计。

(5) 网页中的文字设计。文字是人类重要的信息载体和交流工具，网页中的信息也是以文字为主。虽然文字不如图像直观形象，但是却能准确地表达信息的内容和含义。因此，在确定网页的版面布局方式后，还需要确定文本的样式，如字体、字号和颜色等，并可以将文字图形化。

① 文字的字体、字号、行距。网页中默认的标准字体是"宋体"中文和"Times New Roman"英文。如果在浏览器中没有设置任何字体，网页将以这两种字体显示。

字号可以用不同的方式来计算，如磅(point)或像素(pixel)。最适合于网页正文显示的字号为 12 磅左右。现在很多的综合性站点，由于在一个页面中需要安排的内容较多，通常采用 9 磅的字号。较大的字体可用于标题或其他需要强调的地方，小一些的字体可以用于页脚和辅助信息。需要注意的是，小字号容易产生整体感和精致感，但可读性较差。

字体的选择是一种感性、直观的行为。但是，无论选择什么字体，都要依据网页的总体设计和浏览者的需要。在同一页面中，字体的种类少则版面雅致，有稳定感；字体的种类多则版面活跃，丰富多彩，因此关键是如何根据页面内容来掌握这个比例关系。

行距的变化也会对文本的可读性产生很大影响。一般情况下，接近字号的行距设置比较适合正文。行距的常规比例为 10:12，即用字 10 磅，则行距 12 磅。

行距可以用行高(1ine-height)属性来设置，建议以磅或默认行高的百分数为单位。例如，{line-height：20pt}或者 {line-height：150%)。

② 文字的颜色。在网页设计中，可以为文字、文字链接、已访问链接和当前活动链接选

用各种颜色。例如，正常字体颜色为黑色，默认的链接颜色为蓝色，用鼠标单击之后又变为紫红色。使用不同颜色的文字可以使想要强调的部分更加引人注目。但应该注意的是，对于文字的颜色，只可少量运用，如果什么都想强调，反而会分不清主次。另外，在一个页面上运用过多的颜色，会影响浏览者阅读页面内容。

颜色的运用除了能够起到强调整体文字中特殊部分的作用之外，对于整个文案的情感表达也会产生影响。另外，需要注意的是文字颜色的对比度，它包括明度对比、纯度对比及冷暖的对比。这些不仅对文字的可读性发生作用，更重要的是，可以通过对颜色的运用实现想要的设计理念、设计情感和设计效果。

③ 文字的图形化。文字的图形化就是把文字作为图形元素来表现，同时又强化了原有的功能。将文字图形化、意象化，以更富创意的形式表达出深层的设计思想，能够避免网页的单调与乏味，吸引浏览者注意。网页设计中，既可以按照常规的方式来设置字体，也可以对字体进行艺术化处理，但都应围绕如何更出色地实现网页的设计目标而进行。

3. 网页的色彩搭配

色彩的魅力是无穷的，它可以让本身朴实无华的东西变得光鲜亮丽。随着网络技术的不断进步，网页界面也开始变得多姿多彩。打开一个网站，给用户留下第一印象的既不是丰富的内容，也不是合理的版面布局，而是网页的色彩。所以网页设计者不仅要掌握基本的网站制作技术，还需要掌握网站风格、页面配色等设计艺术。

(1) 网页色彩的基础知识。由物理学可知，白光可分解为红、橙、黄、绿、青、蓝和紫七种色光，其中红、绿、蓝又称为三原色(在计算机科学中称为 RGB 三原色)。三原色通过不同比例的混合，可以得到自然界中的各种颜色。

现实生活中的色彩可以分为彩色和非彩色。其中，黑白灰属于非彩色，其他的色彩都属于彩色。任何一种彩色都具备 3 个属性：色相、明度和纯度。非彩色只有明度属性。

① 色相：指的是色彩的名称，是色彩最基本的特征，是一种色彩区别于另一种色彩最主要的因素，如紫色、绿色、黄色等都代表了不同的色相。对于同一色相的色彩，调整一下明度或者纯度，就很容易搭配出不同颜色，如深绿、暗绿、草绿、亮绿。

② 明度：也叫亮度，指的是色彩的明暗程度。明度越大，色彩越亮。例如，一些购物、儿童类网站用的是一些鲜亮的颜色，让人感觉绚丽多姿、生气勃勃。明度越低，颜色越暗。例如，一些个人网站为了体现自身的个性，经常会运用一些暗色调来表达个人孤僻或者忧郁的性格。

③ 纯度：指色彩的鲜艳程度。纯度高的色彩纯、鲜亮；纯度低的色彩浊、暗淡。

色彩中还有一些常用的名词如下。

① 相近色：色环中相邻的 3 种颜色。相近色的搭配给人的视觉效果很舒适、自然，所以在网站设计中极为常用。

② 互补色：色环中相对的两种色彩。调整一下互补色中补色的亮度，有时候是一种很好的搭配。

③ 暖色：暖色一般应用于购物、电子商务、儿童类网站等，用以体现商品的琳琅满目、儿童类网站的活泼、温馨等效果。

④ 冷色：冷色一般应用于高科技、游戏类网站，主要表达严肃、稳重等效果。绿色、蓝色、紫色等都属于冷色系列。

⑤ 色彩均衡：网页为了让人看上去舒适、协调，除了文字、图片等内容的合理排版，

色彩的均衡也是相当重要的一个因素。一个网站不可能单一地运用一种颜色，所以色彩的均衡问题是设计者必须要考虑的问题。色彩的均衡包括色彩的位置、每种色彩所占的比例或面积等。例如，鲜艳明亮的色彩面积应小一点，让人感觉舒适、不刺眼，就是一种均衡的色彩搭配。

对于网页设计者来说，创建完美的色彩是至关重要的。色彩是一个强有力的设计元素，用好了往往能收到事半功倍的效果。色彩能激发人的情感，完美的色彩可以使网页充满活力，向观察者表达出一种信息。当色彩运用得不适当的时候，表达的意思就不完整，甚至可能给人一种错误的感觉。

(2) 网页色彩的搭配。色彩搭配既是一项技术性工作，同时也具有很强的艺术性。因此，设计者在设计网页时除了要考虑网站本身的特点外，还要遵循一定的艺术规律，从而设计出色彩鲜明、特点突出的网站。

以下简单介绍网页色彩搭配的一些技巧：

① 单色的使用。网站设计要尽量避免采用单一色彩，以免产生单调的感觉。但通过调整单一色彩的饱和度和透明度也可以产生变化，使网站避免色调过于单一乏味。

② 邻近色的使用。所谓邻近色，就是在色带上相邻近的颜色，如绿色和蓝色、红色和黄色就互为邻近色。采用邻近色设计网页可以使网页避免色彩杂乱，易于达到页面的和谐统一。

③ 对比色的使用。对比色可以突出重点，产生强烈的视觉效果。通过合理地使用对比色，能够使网站特色鲜明、重点突出。在设计时一般以一种颜色为主色调，对比色作为点缀，可以起到画龙点睛的作用。

④ 黑色的使用。黑色是一种特殊的颜色，如果使用恰当，往往可以产生很强烈的艺术效果。黑色一般用来做背景色，与其他纯度色彩搭配使用。

⑤ 背景色的使用。背景色一般采用素淡清雅的色彩，避免采用花纹复杂的图片和纯度很高的色彩作为背景色。同时，背景色要与文字的色彩对比强烈一些。

⑥ 色彩的数量。一般初学者在设计网页时往往会使用多种颜色，使网页变得很乱，缺乏统一和协调，表面上看起来很花哨，但缺乏内在的美感。事实上，网站用色并不是越多越好，一般控制在3种色彩以内，通过调整色彩的各种属性来产生变化。

常见的几种网页配色方案：

① 红色代表热情、活泼、热闹、温暖、幸福和吉祥。红色容易引起人的注意，也容易使人兴奋、激动和紧张，是一种容易造成人视觉疲劳的颜色。

② 黄色代表明朗、愉快、高贵和希望，是各种色彩中最为娇气的一种色。只要在纯黄色中混入少量的其他色，其色相感和表现力均会发生较大程度的变化。

③ 白色的色感光明，代表纯洁、纯真、朴素、神圣和明快。白色具有圣洁的不容侵犯性。如果在白色中加入其他任何色，都会影响其纯洁性。

④ 紫色的明度在彩色中是最低的。紫色代表优雅、高贵、魅力、自傲和神秘。在紫色中加入白色，可使其变得优雅、娇气，充满女性魅力。

⑤ 蓝色代表深远、永恒、沉静、理智、诚实、公正权威，是一种在淡化后仍然能保持较强特性的颜色。在蓝色中加入少量红、黄、黑、橙、白等色，均不会对蓝色的表现力产生较明显的影响。

⑥ 绿色代表新鲜、希望、和平、柔和、安逸和青春。绿色是具有黄色和蓝色两种成分的颜色。在绿色中，将黄色的扩张感和蓝色的收缩感中和，并将黄色的温暖感与蓝色的寒冷感

相抵消。一般农林业、教育类网站常使用绿色代表充满希望、活力。

⑦ 灰色在商业设计中，具有柔和、高雅的意象，属于中间色，男女皆能接受，也是流行的主要颜色。在许多介绍高科技产品，尤其是和金属材料有关的网站中，几乎都采用灰色来传达先进、科技的形象。使用灰色时，大多利用不同的层次变化组合或搭配其他色彩，避免给人过于平淡、沉闷、呆板和僵硬的感觉。

任务3 网站设计与制作流程

随着互联网同人们日常生活结合得越来越紧密，网站的数量也在迅速的增加，而建立并维护一个良好的网站制作流程，可以使网站制作者的工作效率大大提高。

1．网站的需求分析

不论是简单的个人主页，还是复杂的大型网站，对网站的需求分析都要放到首位，因为它直接关系到网站的功能是否完善，层次是否合理以及是否能够达到预期的目的等。

(1) 确定主题。确定网站的主题是网站建设的第一步，这需要在与客户充分交流和沟通的基础上进行确定，其核心就是客户希望通过网站来实现什么目标。

网站的主题就是网站所要包含的主要内容，无论是个人网站、企业网站还是综合性信息服务网站，都首先要明确树立自己的主题和方向，才能达到预计的效果。内容是网站的根本，一个成功的网站在内容方向必定要有独到之处，如搜狐新闻、谷歌搜索、新浪博客、华军软件、联众游戏等。对于主题的选择，要注意以下三条原则。

① 主题要小而精。一般而言，除综合类的门户型网站外，任何类型的网站其主题选材定位范围要小，内容要精。如果把所有精彩的东西都放上去，往往会给人缺乏主题、没有特色的感觉。

② 主题力求创新，目标不要太高。主题应避免到处可见、人人都有的题材，如软件下载。对于同一主题已经有非常优秀、知名度很高的网站，不要强求一下就能赶超它。

③ 对于个人网站来说，选择的主题最好是设计者擅长或者喜爱的内容。也就是说，要找准自己最感兴趣的内容做深、做透，突出特色。

(2) 确定浏览对象。大多数人希望每个上网的人都能访问自己的网站，但创建每个人都能使用的网站是很困难的。网络之所以和电视、报纸相比有其独特的优势，很大程度上就是在于它交互性强、更新速度快以及灵活性好，所以网站设计者应该发挥这种优势，细分自己的用户群，拉近和特定用户的距离，找到他们感兴趣的东西。除了面向对象相对明确、固定的企业网站外，其他的商业网站或个人网站都要面临这个问题。

2．规划网站结构

一个网站设计得成功与否，很大程度上取决于对站点结构的规划水平。网站规划就是根据网站的需求分析，明确建设网站的目的及要实现的功能，由此对网站的内容进行设计，包括网站应包含哪些栏目、页面等，同时还要对网站的目录结构进行规划。

(1) 网站规划的基本原则。

① 明确建设网站的目的。建立网站之前要有明确的目的，包括所要建立的网站的作用，服务的对象是哪些群体，要为浏览者提供怎样的服务等。只有定位准确，才能建成一个成功的网站。

② 进行可行性分析。可行性分析就是分析是否有能力、物力建设和维护这个网站，分析

网站建设需要花费多少时间、精力、人力，性价比是否合算，以及网站建立以后是否有一定的经济效益或社会效益。

③ 网站的内容设计。建设网站就是要为用户服务的，根据网站建设的目的，分析浏览者的需求，确定网站的内容。

④ 网站的表现形式设计。有了好的内容，还要有好的表现形式，即网站本身的设计，如网站标志，网站的文字排版、平面设计、三维立体设计、静态无声图文、动态有声影像等。

(2) 确定网站的目录结构。

目录结构的好坏，对浏览者来说并没有什么太大的不同，但是对站点本身的上传、维护，以及内容的扩充和移植有着重要的影响。网站的目录是指建立网站时创建的目录。假如在建立网站时，默认建立了根目录和 images 子目录，下面是建立目录结构的一些建议。

① 不要将所有文件都存放在根目录下。如果将所有文件都放在根目录下，会造成的不利影响包括：

文件管理混乱，影响工作效率。常常搞不清哪些文件需要编辑和更新，哪些无用的文件可以删除，哪些是相关联的文件。

传输速度慢。服务器一般都会为根目录建立一个文件索引，当将所有文件都存放在根目录下时，即使只上传更新一个文件，服务器也需要将所有文件再检索一遍，建立新的索引文件。所以文件量越大，等待的时间也将越长。因此，应当尽可能地减少根目录的文件存放数。

② 按栏目内容建立子目录。例如，网上教程类站点可以根据技术类别分别建立相应的目录，如数据库、网页制作、图像处理、动画制作等；企业站点可以按公司简介、产品介绍、价格、在线订单、联系方式等建立相应目录。其他的次要栏目，如友情链接等需要经常更新的，可以建立独立的子目录。而一些相关性强、不需要经常更新的栏目，如站点介绍、联系方式等可以合并后放在统一目录下。另外，所有需要下载的内容，也最好分类存放在相应的目录。

③ 在每个主目录下都建立独立的 images 目录。在默认情况下，站点根目录下都有 images 目录，用来存放首页和次要栏目的图片。至于各个栏目中的图片，应按类存放，方便对本栏目中的文件进行查找、修改、压缩等操作。

④ 目录的层次不要太深。为了便于维护和管理，目录建议不要超过 4 层。不要使用中文目录，因为有些浏览器不支持中文。也不要使用过长的目录，因为尽管服务器支持长文件名，但是太长的目录名不便于记忆。尽量使用意义明确的目录。

3. 收集素材

在网站建设的过程中常常需要大量的素材。明确网站的主题后，要想设计的网站有声有色，能够吸引住客户，就要围绕主题开始搜集素材。素材包括图片、音频、文字、视频和动画等。搜集的素材越充分，以后制作网站就越容易。素材可以从图书、报刊、光盘及多媒体上收集，也可以自己制作或者从网上搜集。

(1) 文本内容素材的收集。具体的文本内容，可以让访问者清楚作者的网页中想要说明的东西。文本内容可以从网络、书本、报刊上找，也可以使用平时的试卷和复习资料，还可以自己编写有关的文字材料，可以将这些素材制作成 Word 文档保存在"文字资料"子目录下。收集的文本素材既要丰富，又要便于有机地组织，这样才能做出内容丰富、整体感强的网站。

(2) 艺术内容素材的收集。只有文本内容的网站枯燥乏味、缺乏生机。如果加上艺术内容素材，如静态图片、动态图片、音像等，将使网页充满动感与生机，也将吸引更多的访问者。

艺术内容素材可以从以下几个方面搜集。

① 从网上获取。可以充分利用网上的共享资料，通过诸如百度(http://www.baidu.com)、Google(http://www.google.com)、北大天网(http://e.pku.edu.cn)、雅虎中国(http://cn.yahoo.com)和搜狗(http://www.sogou.com)等搜索引擎搜集图片素材。

② 从光盘中获取。市场上有许多关于图片素材库的光盘，也有许多教学软件，可以选取其中的图片资料。

③ 利用现成图片或自己拍摄。既可以从各图书出版物中获取图片，也可以使用自己拍摄或积累的照片资料。

④ 自己动手制作一些特殊效果的素材。对于动态图像或动画素材，用户选择熟悉的软件亲自动手制作往往效果更好。

小贴士

　　搜集的素材最好放置在一个总的文件夹中，如 D:\Mysite ，然后根据素材类别在这个目录下建立需要的子目录，如 images、text 等。放入目录的文件名最好全部用小写英文，因为有些主机不支持大写英文和中文。

确定好网站的风格，搜集完资料后，还需要进一步设计、处理网站使用的网页图像。网页图像包括 Logo、标准字、导航条、首页布局等。可以使用 Photoshop 或 Fireworks 软件来具体设计网站的图像。

4．设计与制作网站

在明确网站的主题和风格后，就应该围绕网站主题制作相应的网页内容，设计相应的题材栏目等。

(1) 网站的栏目设计。以下列出一些常见的栏目名称，希望对用户有所启发。

资讯信息类：产品展示、在线加盟、股市信息、流行情报、在线搜索、购物消费、网上招聘、阳光服务、支持下载、网上公布、直击热点等。

教育学习类：网页研习室、计算机杂志、硬件园地、少年家园、影像合成、网上教室、软件宝库、病毒字典等。

娱乐生活类：漫画天地、摄影俱乐部、体育博览、国画画廊、电子贺卡、旅游天地、电影世界、影视偶像、天文星空、MIDI 金曲、儿歌专集、健康资讯等。

(2) 设计网站 Logo。网站 Logo 是网站的标志，就如同公司的商标一样，Logo 是站点特色和内涵的集中体现，看见 Logo 就让大家联想到站点。目前，网站相当多，要想吸引更多的人访问企业的网站，与别的网站进行 Logo 链接交换是很有必要的。Logo 可以由中文文字、英文字母、阿拉伯数字、符号和图案等构成，如新浪用字母"sina"+眼睛作为网站的 Logo。

(3) 设计网站的标准色彩。"标准色彩"是指能体现网站形象和延伸内涵的色彩。确定网站的标准色彩是相当重要的一步，不同的色彩搭配会产生不同的效果，并可能影响到网页浏览者的情绪。网站标准色彩的选择和确定，是由网站的主题和企业自身的特点决定的。

一个网站的标准色彩不宜超过 3 种，太多则让人眼花缭乱。标准色彩要用于网站的 Logo、标题、主菜单和主色块，从整体上给人以统一的感觉。至于其他色彩也可以用，但只作为点缀和衬托，不能喧宾夺主。适合于网站标准色的颜色有蓝色、黄／橙色、黑／灰、白三大系列色。

(4) 制作网页。网页设计是一个复杂而细致的过程，一定要按照"先大后小、先简单后复杂"的次序来进行制作。也就是说在制作网页时，先把大的结构设计好，然后再逐步完善小的结构设计；先设计出简单的内容，然后再设计复杂的内容，以便出现问题时方便修改。

在制作网页时，应该灵活地运用模板和库，这样可以大大提高制作效率。如果很多网页都使用相同的版面布局，就把这个版面设计并定义成一个模板，然后创建基于该模板的其他多个网页。在需要改变所有基于模板创建的网页的版面时，只需简单地修改模板即可。

小贴士　关于模板知识将在第 9 章进行更详细的介绍。

设计制作完页面后，如果需要动态功能，就需要开发"动态功能"模块。网站中常用的动态功能模块有新闻发布系统、在线搜索、产品展示管理系统、在线调查系统、在线购物、会员注册、管理系统、招聘系统、统计系统、留言系统、论坛及聊天室等。

(5) 网站的发布。如果想在网上建立服务器发布信息，必须首先注册域名，这是建立任何服务的基础，访问者只有通过域名才能访问网站。

① 申请域名。域名具有商标性质，是无形资产的象征，它对于商业企业来说格外重要。域名的申请分为免费和付费两种方式，个人网站通常申请免费域名，部分网站提供免费域名的注册。

② 开通网络空间。注册域名之后，下一步就是为网站申请空间，其实就是经常说的主机。这个主机必须是一台功能相当于服务器级的计算机，并且要用专线或者其他的形式 24 小时与互联网相连。开通网站空间可以采用以下两种常见的主机模型之一。

主机托管：主机托管是客户自身拥有一台服务器，并把它放置在 Internet 数据中心的机房，每年支付一定数额的费用，由客户自己进行维护，或者是由其他的签约人进行远程维护。要架设一台最基本的服务器，其购置成本可能需要数万元，而在配套软件的购置上，更要花上一笔相当高的费用。另外，还需要聘请技术人员负责网站建设及维护。如果是中小企业网站，不必采用这种方式。

虚拟主机：虚拟主机就是把一台运行在互联网上的服务器划分成多个"虚拟"的服务器，每个虚拟主机都具有独立的域名和完整的 Internet 服务器(支持 WWW，FTP，E-mail 等)功能。一台服务器上的不同虚拟主机是各自独立的，并由用户自行管理。但一台服务器主机只能够支持一定数量的虚拟主机，当超过这个数目时，用户将会感到性能急剧下降。使用虚拟主机不仅节省了购买相关软、硬件设备的费用，而且公司也无须招聘或培训更多的专业人员，因而其成本也较主机托管低得多。不过，虚拟主机只适合于小型、结构较简单的网站，对于大型网站来说，还应该采用主机托管的形式，否则在网站管理上会十分麻烦。

③ 网站的测试与发布。在网站发布之前，通常要检查网页在不同版本浏览器中的显示情况，尤其是制作大型的或访问量高的网站，这个步骤十分必要。这是因为各种版本的浏览器支持的 HTML 语言的版本不同，所以要让网页能够在大多数浏览器中正常显示，就不得不做尽可能仔细的检查，必要时可能还要对网站的特殊效果做舍弃处理。

④ 推广网站。互联网的应用和繁荣为用户提供了广阔的电子商务市场和商机，但是互联网上大大小小的各种网站不计其数，如何让更多的浏览者迅速地访问到企业的网站是一个十

分重要的问题。所以，建好网站后，需要对网站进行推广。网站推广的目的在于让尽可能多的潜在用户了解并访问网站，通过网站获得有关产品和服务等信息，为最终形成购买决策提供支持。网站推广需要借助一定的网络工具和资源，常用的网站推广工具和资料包括搜索引擎、分类目录、电子邮件、网站链接、在线黄页和分类广告、电子书、免费软件、网络广告媒体、传统推广渠道等。实施有效的网站推广方法的基础就是对各种网站推广工具和资源的充分认识和合理应用。

任务 4 全面认识 Dreamweaver CS5

开发和设计网页的工具有很多，Dreamweaver 是众多工具中的主力，占据了国内外网页编辑和开发的大部分市场。Dreamweaver CS5 是 Adobe 公司成功并购 Macromedia 公司后推出的版本，是一款专业的 HTML 编辑器，用于对 Web 站、Web 页和 Web 应用程序进行编辑和开发设计。Dreamweaver CS5 将可视布局工具、应用程序开发功能和代码编辑支持组合在一起，功能强大，使各个层次的开发人员和设计人员都能够快速地创建界面吸引人的、基于标准的网站和应用程序。

Adobe Dreamweaver CS5 是网页设计与制作领域中用户最多、应用最广、功能最强的软件之一，深受国内外专业 Web 开发人员的喜爱。Dreamweaver 与用于制作网页矢量动画的 Flash、制作网页图像的 Fireworks 并称为"网页制作三剑客"。

1. Dreamweaver CS5 的安装需求

由于 Dreamweaver CS3 提供了比较全面的功能，因而在系统配置方面要求相对较高，应达到以下最低配置要求。

(1) Windows 操作系统。

处理器：Intel Pentium4 或 Centrino(或兼容处理器)

操作系统：Windows XP SP2 或更高版本、Windows Vista Home Premium; Business; Enterprise 或 Ultimate(仅提供对 32 位版本的认证支持)

RAM：512MB，建议使用 1GB 内存

硬盘：1.3GB 可用空间

媒体：DVD-ROM 驱动器

Internet 连接或电话连接(用于激活)

(2) Macintosh 操作系统。

处理器：G4，G5 或基于 Intel 的 Mac

操作系统：MacOS10.4.8

RAM：512MB · 硬盘：1.7GB 可用空间

媒体：DVD-ROM 驱动器

Internet 连接或电话连接(用于激活)

在保证硬件配置和软件环境符合安装要求的情况下，就可以安装 Dreamweaver CS5 了。在安装软件之前，建议先将 Dreamweaver 以前的版本进行卸载。首先将 CD 或 DVD 插入驱动器中，然后按照屏幕说明操作(如果安装程序没有自动启动，可双击光盘根目录中的 Setup．exe(Windows)或 Setup(MacOS)开始进行安装)。如果软件是从 Web 上下载的，打开文件夹并双击 Setup．exe(Windows)或 Setup(MacOS)，然后按屏幕说明操作。

要安装 Dreamweaver，可以购买 CD 或 DVD 安装光盘，也可以从官方网站进行购买下载，Adobe 公司的中国官方网站的下载网址是 http://www.adobe.com/cn/downloads。具体的安装过程不再详细讲解。

2. Dreamweaver CS5 环境介绍

Dreamweaver CS5 继承了以往版本的风格，具有方便的编辑窗口和易于辨别的工具列表，对于使用过程中出现的问题，可方便地通过系统帮助获取相关信息，十分方便初学者的使用。

选择"开始→程序→Adobe Dreamweaver CS5"启动程序，在运行启动界面完成后进入 Adobe Dreamweaver CS5 欢迎界面，如图 1-4 所示。

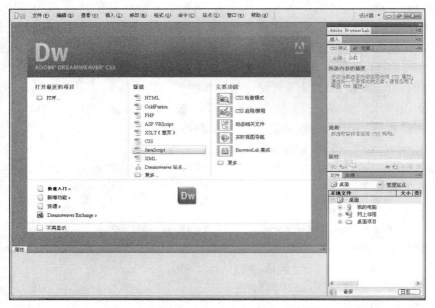

图 1-4　Adobe Dreamweaver CS5 欢迎界面

欢迎界面分为三栏，分别是：

① 打开最近的项目：显示了之前利用 Dreamweaver CS5 编辑过的文档，选中文档后可以直接打开并进一步编辑。

② 新建：显示了可以创建的文档类型，如选择"HTML"选项可以建立一个扩展名为".html"的文档，选择"ASP VBScript"选项可以建立一个扩展名为".asp"的文档。

③ 主要功能：显示 Dreamweaver CS5 中的主要功能。如单击其中某一个功能，则可以打开网页浏览到该功能的具体操作方法。

如果不希望在启动 Dreamweaver CS5 时显示此欢迎界面，可以选中欢迎界面左下方的"不再显示"复选框来取消。取消后可以执行"编辑""首选参数"菜单命令，在"常规"分类中选中"显示欢迎屏幕"恢复其显示。

选择"新建"栏中的 HTML 进入 Dreamweaver CS5 的工作界面，在此即可创建网页文件了。Dreamweaver CS5 的工作界面如图 1-5 所示。

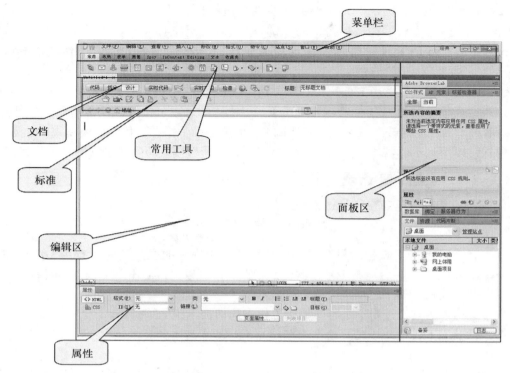

图 1-5 Adobe Dreamweaver CS5 工作界面

Dreamweaver CS5 的工作界面组成如下：

(1) 菜单栏。菜单栏位于整个工作界面的最上方，共包含"文件""编辑""查看""插入""修改""格式""命令""站点""窗口"和"帮助"十个主菜单，这些菜单几乎提供了 Dreamweaver CS5 中所有操作选项。在菜单栏的右上角还包含了"模式"切换菜单以及最大化、最小化、关闭按钮。

① 文件：用于文件管理，包括网页创建和保存、导入与导出、预览和打印文件等。

② 编辑：用于对选定区域进行操作，包含复制、粘贴、查找替换等功能，另外，还提供了快捷键和首选参数的设置命令。

③ 查看：用于设置并观察各类文档视图信息等。

④ 插入：用于插入网页元素，插入内容包括图像、多媒体、层、框架等。

⑤ 修改：用于对选定文档内容或某项的属性进行更改。利用该菜单可以编辑标签属性、更改表格和表格元素，并为库项目和模板执行不同操作。

⑥ 格式：用于设置文本的格式，包括字体、大小、颜色、CSS 样式、段落格式等。

⑦ 命令：提供对多种命令的访问，包括扩展管理命令、优化图像命令等。

⑧ 站点：用于创建与管理站点，包括新建站点、管理站点等。

⑨ 窗口：用于控制面板的现实和隐藏，包括属性面板、站点窗口、CSS 样式面板等。

⑩ 帮助：提供 Dreamweaver 帮助等。

⑪ "模式"切换菜单：可以进行不同的开发模式间的切换，如应用程序开发人员高级开发模式、经典模式、编码人员(高级)模式等。

(2) 工具栏。工具栏是工具面板上功能性按钮的集合载体，它方便用户快速地实现常用操作。工具栏主要显示在文档窗口的上部，也可以脱离整体浮动在界面中的某一个地方。Dreamweaver CS5 的工具栏有"常用""样式呈现""文档"、"标准"和"浏览器导航"五种。

① "常用"工具栏：可方便用户在制作网页的过程中快速插入网页元素，如插入表格、图片、层、表单等，如图 1-6 所示。单击工具栏上方的选项卡标签可以在各个栏目间进行切换，再单击工具栏上的按钮即可执行相应的命令。单击菜单栏右上角的切换模式，切换到"经典"模式，即可显示"常用"工具栏；切换到"设计器"模式即隐藏"常用"工具栏。

图 1-6 "常用"工具栏

② "样式呈现"工具栏：只有在文档使用依赖于媒体的样式表时才有用，所以在启动 Dreamweaver CS5 程序后，该工具栏默认是隐藏的，可以通过右击"文档"工具栏，在其快捷菜单中把"样式呈现"工具栏选中即可显示。

③ "文档"工具栏：用于进行文档的工作布局切换、预览等操作。

④ "标准"工具栏：该工具栏上的按钮是一些基本常用工具，包含"文件"和"保存"等按钮。

(3) 编辑区。编辑区是 Dreamweaver CS5 操作环境的主体部分，是创建和编辑文档内容，设置和编排页面内所有对象的区域。编辑区也叫"文档窗口"，有"设计"视图、"拆分"视图、"代码"视图三种形式，可以通过"查看"菜单或"文档"工具栏中的按钮进行选择。

① "设计"视图是一个用于可视化页面布局、可视化编辑和快速应用程序开发的设计环境。在该视图中，Dreamweaver CS5 显示文档完全可编辑的可视化表示形式，类似于在浏览器中查看页面的效果。

② "拆分"视图可以同步对网页进行可视化编辑和 HTML 代码编辑。

③ "代码"视图是一个用于编写和编辑 HTML、JavaScript、服务器语言代码(如 PHP 或 ASP)以及任何其他类型代码的手工编码环境。

(4) 状态栏。状态栏位于编辑区的底部，提供与正在创建的文档有关的其他信息，如图 1-7 所示。

<body>　　　　　　　　　　　　　　　　　　　　　　　　　　⯈ ⟡ Q 100% ▾ 777 x 404▾ 1 K / 1 秒 Unicode (UTF-8)

图 1-7 状态栏

在状态栏的最左侧是"标签选择器"，它显示了环绕当前选定内容的标签层次结构，单击该层次结构中的标签，可以选中编辑区中该标签所对应的内容，单击<body>标签可以选择整个文档的全部内容。在状态栏的右侧分别是"选取工具" ⯈ 、"手形工具" ⟡ 、"缩放工具" Q 、"设置缩放比例" 100% ▾ 、"窗口大小" 777 x 404▾ 、"下载时间" 1 K / 1 秒 。

利用"手形工具"可以在文档窗口中通过按下鼠标左键上下左右拖动网页来查看网页的内容。利用"缩放工具"可以逐步放大或缩小文档窗口中的内容，可以多次单击进行逐步放大，也可以按住 Alt 键的同时多次单击进行逐步缩小，也可以通过设置"缩放比例"直接对窗口中的内容进行比例缩放。利用"选取工具"可以禁用"手形工具"和"缩放工具"的功能。

(5)"属性"面板。在 Dreamweaver CS5 工作环境的最下方是"属性"面板，它是页面编辑中最常用的一个面板，主要用于设置页面中选定元素的属性，选定的元素不同，"属性"面板中的内容也不同。"属性"面板上有"HTML"样式和"CSS"样式，这是 Dreamweaver CS5 新增的功能。若选中"HTML"样式，则"属性"面板上出现相应的 HTML 样式的设置功能，如图 1-8 所示。

图 1-8 "属性"面板

在"属性"面板的标题上右击，在其快捷菜单中选中"关闭"即可关闭"属性"面板，单击"窗口"菜单中的"属性"则可以打开"属性"面板。

(6)面板组。面板组是位于操作环境右侧的几个面板的集合，主要有"CSS"面板、"应用程序"面板、"文件"面板等。用户可以通过右击某个面板，在弹出的快捷菜单中选中"最小化"即可折叠面板，或者通过单击该折叠面板直接展开面板。若要完全关闭一个面板，可在面板的标题上右击，在弹出的快捷菜单中选中"关闭"即可。若要在面板组中打开某个面板，可单击"窗口"菜单中的该面板则可以打开面板。

实践任务

任务 5 制作第一个网页

任务目的：
1. 学会启动 Dreamweaver CS5 软件。
2. 掌握新建空白网页的方式。
3. 掌握保存页面的方式。
4. 掌握网页的预览方式。

任务内容：
创建第一个网页，页面内容只包含一句话，效果图如图 1-9 所示。

任务指导：
1. 启动 Dreamweaver CS5 软件。
2. 新建一个空白网页文件，保存文件，命名为"one.html"。
3. 在页面中输入内容。
4. 保存网页文件，并浏览网页效果(浏览网页方法：单击"文档"工具栏上 按钮或者按 F12 键即可浏览网页)。

图 1-9 one.html 网页文件

(效果:光盘\ch1\实践任务\效果图.png)

本章小结

1. 了解网页、网站、网页构成等基本概念。
2. 了解网页的色彩搭配。
3. 掌握一些常见网站的板式设计。
4. 熟悉开发网站的一般流程。
5. 熟练掌握开发网站的软件 Dreamweaver CS5。

第2章 创建和管理站点

技能目标：

✧ 使学生掌握站点根目录的建立。

✧ 使学生熟练网站站点的建立与管理。

知识目标：

✧ 了解规划站点的意义。

✧ 了解站点的概念。

任务导入

　　不管是专业的网页设计师，还是网页制作的新手，在制作网页之前都要先建立站点。通俗地讲，站点就是若干个有相互联系或共性的网页的组合，Dreamweaver CS5 不仅在网页制作领域独树一帜，同时也提供了强大的站点创建与管理功能。

任务案例

　　本章的任务案例是对第 1 章的任务案例——"社区之家"网站——创建站点，站点效果图如图 2-1 所示。

图 2-1 "社区之家"网站站点效果图

(效果:光盘\ch2\效果\任务案例\index.html)

为了更好地管理"社区之家"网站的各种资源,我们在制作网站之前,要建立一个本地站点。首先将"社区之家"网站所需的各种资源分类,然后规划好网站的结构,最后再创建网站站点。

流程设计

完成本章任务设计的流程如下:

①对"社区之家"网站资源进行分类;→②规划网站的结构;→③创建网站站点;→④对站点进行管理与维护。

任务实现

任务 1 规划"社区之家"网站结构

要制作好一个站点,必须事先有一个好的规划,做到有的放矢。在创建站点之前,为站点创建一个根文件夹,然后在根文件夹中建立多个子文件夹,并为存储的内容重新命名,将网页文件和各种资源分别存储到相应的文件夹中。对文件和文件夹的命名要符合规范,简洁易懂,让人一目了然。命名时应该尽量避免使用中文名,对英文较为熟悉的用户可用英文来命名,对英文不熟悉的用户可以使用汉语拼音来命名。同时要注意区分大小写,对于同一类的连续文件,如图片文件,可以采用文件名加后缀的方法来命名,如 image01、image02、image03,…等。

根据"社区之家"网站的资源看,可以分为图片文件夹、flash 文件夹、样式文件夹和页面文件夹(在该网站中只有一个首页,也可以不建立页面文件夹),该网站的结构规划图如图 2-2 所示。

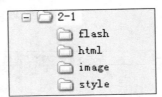

图 2-2 "社区之家"网站结构图

任务 2 创建本地站点和管理站点

1."社区之家"站点的创建管理

(1) 规划"社区之家"站点。"社区之家"网站效果图如图 2-1 所示,该网站主要显示社区的公告、社区信息、展示社区生活等,仅包含一个网站首页。由于本网站的规模较小,文件也不多,在站点目录结构规划上可以简单一些,因此本网站规划建立如下几个文件夹:root(根文件夹)、image(图片文件夹)、flash(存放 flash 文件夹)、style(存放样式文件夹),网页文件直接存储在根目录下。建立"社区之家"网站文件夹的操作步骤：在某个盘符(如 E 盘)下建立一个文件夹，命名为 root，在 root 文件夹里再建立三个子文件夹，分别命名为 image、flash 和 style。

(2) 创建"社区之家"本地站点。打开 Dreamweaver CS5，执行"站点"→"新建站点"菜单命令打开创建站点的向导对话框，在"站点名称"文本框中输入站点的名称，如"root"，也可以取其他名称，在"本地站点文件夹"文本框中输入"社区之家"站点根目录存储的位置或可以通过文本框后面的文件按钮📁选择"社区之家"站点根文件夹存储的位置，如图 2-3 所示。

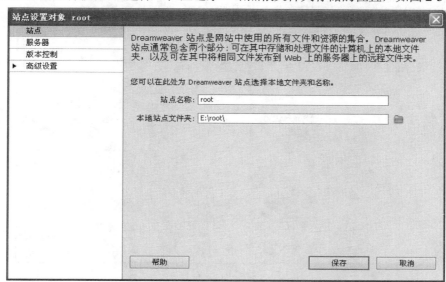

图 2-3 "社区之家"站点

创建好本地站点后，可在文件面板中查看站点里所有的文件，如图 2-4 所示。

图 2-4 "社区之家"文件面板

(3) 创建首页。

执行菜单栏"文件"→"新建"命令或者在"标准"工具栏中单击 🗋 按钮，在弹出的"新建文档"对话框中选择"空白页"选项卡，在"页面类型"中选择"HTML"命令，即新建了一个名为"Untitled-1.html"的网页文件，把此文件保存到"社区之家"站点根目录 root 文件中，改名为"index.html"。

2. 管理站点

执行"站点"→"管理站点"菜单命令打开"管理站点"对话框，可以对站点进行编辑、复制、删除等操作。

(1) 编辑站点。创建站点后，可以对站点进行编辑修改设置。具体方法：在"管理站点"对话框中选择要编辑的站点，单击"编辑"按钮打开"设置站点对象"对话框，从中可根据需要编辑站点的相关信息，如图 2-5 所示。单击"保存"按钮完成设置。

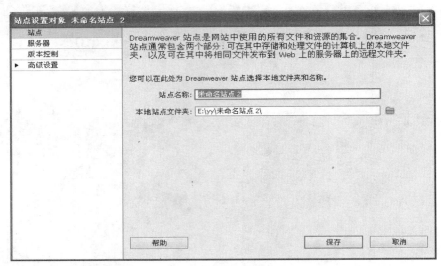

图 2-5 "站点"选项卡

(2) 复制站点。复制站点可省去重复建立多个结构相同站点的操作步骤，可以提高用户的工作效率。复制站点的具体方法：在"管理站点"对话框中选择要编辑的站点，单击"复制"按钮，即可复制选中的站点。新复制的站点出现在"管理站点"对话框的站点列表中，如图 2-6 所示。

(3) 删除站点。如果不再需要某个站点，可以将其从站点列表中删除。具体方法：在"管理站点"对话框中选择要编辑的站点，单击"删除"按钮弹出删除确认对话框，询问用户是否要删除所选中的站点，如图 2-7 所示，单击"是"按钮执行删除操作。

图 2-6 复制站点

图 2-7 删除站点确认对话框

知识点拓展

1．站点的概念

　　所谓站点，可以看成是一系列文档的组合，这些文档通过各种超链接建立逻辑关联。用户在建立网站时首先要新建站点，然后在站点中对网页文档进行修改和管理。

2．规划站点

　　在定义站点前，首先要做好站点的规划，包括站点的目录结构、链接结构、模板各库的使用等。网站的目录结构是网站组织和存放站内所有文档的目录设置情况。目录结构的好坏，直接影响站点的管理、维护、扩充和移植。

　　一般使用文件夹构建文档的结构。为站点创建一个根文件夹，在其中创建多个子文件夹，将文档分门别类地存储到相应的子文件夹下，如 image 文件夹、sound 文件夹、flash 文件夹等。如果站点较大，文件较多，可以先按栏目分类，再在栏目里进一步分类。如果将所有文件都存放在一个目录下，容易造成文件管理混乱，并且在提交时会使上传速度变慢。目录名和文件名尽量使用英文或汉语拼音，使用中文可能对地址的正确显示造成困难。同时，要使用意义明确的名称，以便于记忆。

　　网站的链接结构是指页面之间的相互链接关系。应该用最少的链接，使浏览达到最高的效率。网站的链接结构包括内部链接和外部链接。其中，内部链接主要包括首页和一级页面之间采用的星状链接结构，一级和二级页面之间采用的树状链接结构，超过三级页面的链接可在页面顶部设置导航栏。对于外部链接，多设置一些高质量的外部链接，有利于提高网站的访问量及在搜索引擎上的排名。

　　规范的站点中网页布局基本是一致的，使用模板和库可以在不同的文档中重用页面布局和页面元素，给网页的制作和维护带来方便。

3．创建本地站点

　　本地站点实际上是位于本地计算机中指定目录下的一组页面文件及相关支持文件。每个网站都需要有自己的本地站点。Dreamweaver CS5 提供了创建站点的向导，使初学者能快速正确地完成站点的创建，具体步骤如下。

(1) 执行"站点"→"新建站点"菜单命令打开创建站点的向导对话框。默认打开"站点"选项卡，在"站点名称"文本框中输入站点的名称，如"root"。

(2) 在"本地站点文件夹"文本框中输入文件存储的位置或通过文本框后面的文件按钮 选择文件存储的位置，如图 2-5 所示。

(3) 单击"保存"按钮即可创建本地站点，此时在"文件"面板中显示了已经创建好的站点，如图 2-8 所示。

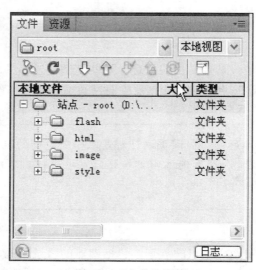

图 2-8 "文件"面板

实践任务

任务 3 规划个人网站(或班级网站、游戏网站)

任务目的：

1．掌握创建站点的方法。

2．了解规划站点的流程。

3．熟练操作"文件"面板。

4．掌握管理站点的方法。

任务内容：

规划和创建"游戏网站"网站的结构，效果如图 2-9 所示。

任务指导：

1．规划好"游戏网站"站点的结构，即创建好根目录和子目录。

2．创建本地站点，设置好站点名称和站点文件夹。

3．查看"文件"面板。

4．创建网页文件，保存在站点文件夹中。

图 2-9 "游戏网站"站点结构图

(效果：光盘\ch2\效果\游戏网站\效果图.png)

任务 4 创建欢迎页面

任务目的：

1．掌握创建站点的方法。

2．掌握利用 Dreamweaver CS5 创建简单网页文档的方法。

3．掌握浏览网页的方法。

4．了解在 Dreamweaver CS5 中插入文字和图片的方法。

5．掌握浏览网页的方法。

任务内容：

创建一个"欢迎页面"，效果如图 2-10 所示。

图 2-10 "稻草人"个人网站主页

(效果：光盘\ ch2\效果\个人网站\效果图.png)

(素材：光盘\ch2\素材\实践任务\个人网站\)

任务指导：

1．规划好"欢迎页面"站点的结构，创建好本地站点。

2．新建一个空白网页文件，保存在站点文件中，命名为"index.html"。

3．在"index.html"中输入文本内容，并插入一副简单的图片(插入图片的方法：执行菜单栏"插入"→"图片"命令，选择要插入网页中的图片位置，单击"确定"按钮即可)。

4．保存网页文件，并浏览网页效果(浏览网页方法：单击"文档"工具栏上按钮或者按 F12 键)。

本章小结

本章从站点的基本概念讲起，详细介绍了网站的规划、创建和管理维护，使初学者对"站点"有了整体的认识，并且掌握了站点的创建方法和利用站点管理器管理维护站点的基本技能。

知识点考核

一、单选题

1．Dreamweaver CS5 通过_____面板管理站点。

　　A．站点　　　　　B．文件　　　　　C．资源　　　　D．结果

2．在 Dreamweaver CS5 中，打开"资源"子面板的快捷键是____。

　　A．F5　　　　　B．F7　　　　　C．F8　　　　　D．F11

二、简答题

1．什么是站点？

2．构建本地站点的目的和意义是什么？

三、上机练习

1．利用站点管理器创建一个相对完善的站点结构，在其中新建一个名为"Index.htm"的网页文件，并将其设置为首页。

2．在 C 盘上建立一个 site 文件夹，建立一个名为 mysite 的站点并保存在 site 文件夹下。

3．复制 mysite 站点，名为 mysite 复件。

4．删除 mysite 站点。

第3章　创建文本与图像网页

技能目标：

✧ 使学生学会在 Dreamweaver CS5 插入和编辑文本及图像。
✧ 使学生熟练操作 Dreamweaver CS5 开发环境及创建和管理站点。

知识目标：

✧ 了解网页图像常识。
✧ 掌握插入普通文本及特殊文本的方法。
✧ 掌握插入图像和鼠标指针经过图像的方法以及属性的设置。
✧ 熟悉页面属性的设置。

任务导入

　　文本与图像是网页最基本的元素，也是使用最频繁的元素，几乎所有的网页都是由文本和图像经过精心的排版而形成的。通常，文本的内容构成了网页的基本内容，通过文本可以很直接地向网页浏览者传达信息。图像在网页中具有提供信息、装饰页面、展示页面风格的作用。合理地使用文本与图像可以提高网页的丰富性和观赏性。对于网页设计者来说，正确和恰当地处理文本与图像是其应具备的网页基本技能之一。

　　本章将通过一个案例详细地介绍文本与图像的插入、设置及编排方法。通过本章的学习，让读者简单地领略网页制作的一般过程，以及能够正确处理网页中的文本与图像。

任务案例

　　启动浏览器(如 IE 浏览器)，然后在地址栏中输入相应的地址(光盘\第 3 章\案例\3-1\index.html)并按 Enter 键就能浏览该网页。读者也可直接找到需要浏览的网页文档，直接双击该文档，即可浏览该网页。文件夹 3-1 中的网页 index.html 的浏览效果如图 3-1 所示。

任务解析

　　"个人主页"页面是一个个人网站的首页。该页面主要是以淡蓝色为主基调颜色，浅蓝色的星星图片为背景，最上面是 Banner 图片，下面是淡蓝色的文字，给人一种温馨的家的感觉。整个页面主要由文字和图片构成，只要掌握了设置和编辑图片与文字的方法，就能顺利地完成该网页的制作。

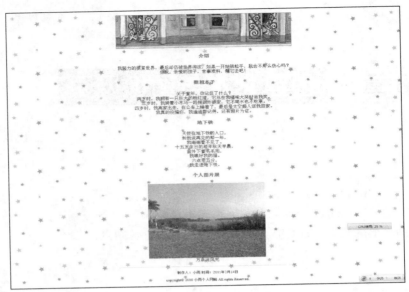

图 3-1 "个人主页"网页

(效果：光盘\ch3\效果\任务案例\index.html)

(素材：光盘\ch3\素材\任务案例\img)

完成本章任务的设计流程如下：

①分析"个人主页"页面的构成；→②创建站点；→③输入文字并设置文字格式；→④插入并编辑图片；→⑤创建鼠标经过图片；→⑥设置页面属性，保存，预览页面。

任务 1 插入和编辑文本

文本是网页的主要构成元素之一，对文本的格式设置会使网站达到赏心悦目的效果。在 Dreamweaver CS5 中，插入文本的方法有以下两种。

(1) 直接在 Dreamweaver CS5 编辑窗口中输入文本，首先将光标定位在需要输入文本的地方，然后直接输入文本即可。

(2) 复制其他文档中的文本，粘贴到 Dreamweaver CS5 需要插入文本的地方即可。

案例制作 1(实现案例中的文本的插入与编辑)：

(1) 规划站点结构。在某一盘符中新建一个文件夹作为站点文件夹，如在 D 盘中建立一个 root 文件夹作为站点文件夹，并在 root 中建立一个名为 homepage 的子文件夹用于存储该网站的所有文件，接着在 homepage 中再新建一个名为 img 的子文件夹用于存储网站的图片。

(2) 创建本地站点。打开 Dreamweaver CS5，执行菜单"站点"→"新建站点"命令，打开"设置站点对象"对话框，输入站点名称为 site，选择本地站点文件夹为 D:\root\，单击"确定"按钮完成站点的建立。

(3) 新建一个空白网页，在标题中输入文字"小雨个人网站"，然后在文档窗口中模仿给定的案例输入文本内容，保存到 D:\root\homepage\文件夹中，并命名为 index.html。

(4) 设置文本的 HTML 样式。分别选择标题文本，设置其格式为标题四，其他文本的格式为段落，如图 3-2 所示。

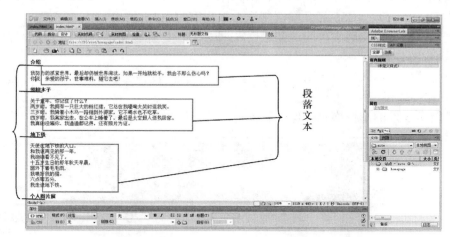

图 3-2　设置文本的 HTML 样式后的效果图

(5) 插入水平线和特殊字符。水平线用于分隔主体内容和网站说明信息(网站底部)。

(6) 设置标题文本的格式。选中某一标题文本，单击"文本"属性面板中的"CSS"按钮，接着单击"编辑规则"按钮，即出现"新建 CSS 规则"对话框，在"选择器类型"下拉列表中选择"标签"命令，单击"确定"按钮，即可设置所有标题文本的格式。设置标题文本的颜色为深红色且居中对齐。

(7) 设置段落文本的格式。与设置标题文本的格式类似，此处不再重复。

(8) 设置水平线的格式。选中水平线，在属性面板中设置宽为 600 像素，高为 2 像素，居中对齐，有阴影，并设置其颜色为红色(打开代码视图，设置代码为<hr color="#ff0000" />)，设置完成后的预览效果如图 3-3 所示。

图 3-3　完成文本的插入与编辑后预览的效果图

任务 2　插入和编辑图像

一个网站的内容知识性、实用性再高，只有文字仍然让人觉得乏味，特别在如今这个视觉至上的设计趋势中，网站往往需要通过图像使得页面有一个漂亮的外表。

案例制作 2(实现案例中图像的插入与编辑)：

(1) 用 Dreamweaver CS5 打开案例制作 1 中完成的 index.html 网页。

(2) 把鼠标指针定位到文本的最开始位置(即"介绍"标题文本前面)，按回车键，确定插入 banner 图像的位置。

(3) 执行菜单"插入"→"图像"命令，打开"插入图像"对话框，选择要插入的图像，后单击"确定"按钮。

(4) 编辑所插入的图像格式，保存后预览，效果如图 3-4 所示。

图 3-4　插入图像后的效果图

任务 3　创建鼠标指针经过图像

在浏览网页的过程中，用户经常会看到鼠标指针移动到某一图像时，图像会变成另外一幅图像，当鼠标指针移开时，又恢复成原来的图像，这就是鼠标指针经过图像。

鼠标指针经过图像由两个图像文件构成：一个是主图像，就是页面首次载入时显示的图像，另一个是次图像，就是当鼠标指针经过主图像时显示的图像。通常情况下，这两个图像文件的大小应该相等。如果这两个图像的大小不同，Dreamweaver CS5 会自动调整次图像，以便使其符合主图像的尺寸。

在 Dreamweaver CS5 中，鼠标指针经过图像通常被应用到链接按钮上，根据图像变换，使页面看起来更生动，同时提示浏览者单击该按钮可以链接到另一个页面。

1. 创建鼠标指针经过图像

创建鼠标指针经过图像的具体步骤如下。

(1) 先定位好需要创建鼠标指针经过图像的位置。

(2) 执行菜单"插入"→"图像对象"→"鼠标经过图像"命令，打开"插入鼠标经过图像"对话框，如图 3-5 所示。

图 3-5　"插入鼠标经过图像"对话框

(3) 单击"原始图像"和"鼠标经过图像"后面的"浏览"按钮，分别选择两个状态的图像，并在"替换文本"文本框中输入鼠标指针经过图像的说明信息，在"按下时，前往的 URL"文本框中输入要链接的网址，最后单击"确定"按钮。

(4) 插入鼠标指针经过图像后，选中图像，在"图像"属性面板可以直接编辑鼠标指针经过图像的格式，该操作与图像格式的编辑一样，不再重复。

(5) 保存网页，预览网页(按下快捷键 F12)，将鼠标指针移动到该图像上即可看到效果。

2. 案例制作 3(实现案例中鼠标指针经过图像的创建)

(1) 用 Dreamweaver CS5 打开案例制作 2 中完成的 index.html 网页。

(2) 根据创建鼠标指针经过图像的操作步骤来创建案例中的鼠标指针经过图像。

(3) 创建成功后，单击图像，在"图像"属性面板中设置图像的高度和宽度分别为 600和 500，默认的单位是像素。

(4) 保存，按 F12 键预览网页，查看效果图，如图 3-6 和图 3-7 所示。

图 3-6　鼠标经过前的状态

图 3-7　鼠标经过时的状态

任务4 设置页面属性

在进行网页设计前，设置页面文字的字体、页面背景及链接文本的格式等页面属性是必要的工作之一。在 Dreamweaver CS5 的主窗口中，执行菜单"修改"→"页面属性"命令，打开"页面属性"对话框，如图 3-8 所示，利用该对话框可以设置"外观""链接""标题"、"标题/编码"和"跟踪图像"等页面属性，所有的属性设置都是作用于整个页面。

单击该对话框左边的"分类"列表，右边即出现该分类的属性设置，设置完全部属性后单击"确定"按钮，所有页面属性即可生效。

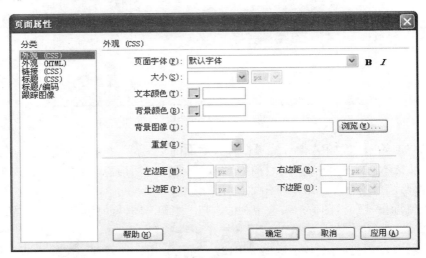

图 3-8 "页面属性"对话框

1. 案例制作 4(实现案例中页面属性的设置)

(1) 用 Dreamweaver CS5 打开案例制作 3 制作完成的 index.html 页面。

(2) 执行菜单"修改"→"页面属性"命令，打开"页面属性"对话框。

(3) 设置页面属性，如图 3-9 所示。

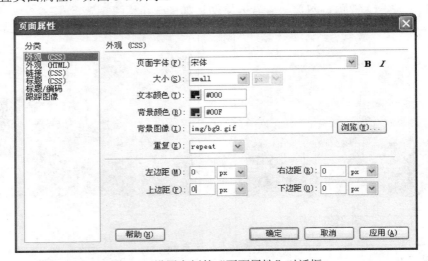

图 3-9 设置案例的"页面属性"对话框

(4) 保存，按 F12 键预览页面，案例最终完成。

知识点拓展

1. 网页图像常识

目前，在 Internet 上支持的图像格式主要有 GIF、JPG/JEPG 和 PNG 三种，用得最多的是 GIF 和 JPG/JEPG。

(1) GIF。GIF 图像格式是一种无损压缩图像的格式，图像以.gif 为扩展名，最高只支持 256 种颜色，不能存储真彩色的图像文件，色彩比较简单，但图像文件比较小，是网上最常用的图像格式。GIF 支持动画格式，在一个图像文件中包含多帧图像页，浏览时可看到动感图像效果。网页上颜色较少，动画简单的图像一般都采用 GIF 格式的图像。另外，GIF 还支持透明背景，常用于项目符号或背景等不需遮挡背景的元素。

(2) JPG/JEPG。JPG/JEPG 图像格式是一种有损压缩格式的图像。通过压缩使 JPG/JEPG 图像文件在图像品质和图像大小之间达到较好的平衡，获得较小的文件尺寸，使图像下载较快。JPG/JEPG 图像支持 24 位真彩色，普遍用于摄影图像和其他具有连续色调图像的高级格式。JPG/JEPG 图像的大小一般小于 GIF 格式图像，但不支持背景透明。同样，JPG/JEPG 格式的图像也被广泛应用到网页制作上，特别是在表现色彩丰富、物体形状和结构复杂的图片，如风景照片等方面，JPG/JEPG 有着无可替代的优势。

(3) PNG。PNG 是 Fireworks 文档的默认格式，该格式也是一种无损压缩图像格式，生成的文件较小。Dreamweaver 与 PNG 结合是最好的，可以很好地完成文档中图像的控制。

2. 插入文本

(1) 插入普通文本。将光标定位在需要插入文本的位置，输入文本或粘贴文本即可。

(2) 插入特殊字符。在编辑网页的过程中，用户有时需要用到一些特殊的字符，如空格、注册商标符号等。

① 插入空格。在 Dreamweaver CS5 中要实现文本的空格，直接按键盘上的空格键即可。需要注意的是，Dreamweaver CS5 在设计编辑器中同一个位置只能输入一个空格键(即只能空一格)。若想要在同一位置空一格以上，则需要把当前输入法转换成任意一种中文输入法，单击输入法指示条上的"全角/半角"转换按钮，将当前输入法切换到"全角"状态，然后再按键盘上的空格键，这时每按一次空格键即可输入一个空格符。

小贴士

在代码视图中可以输入多个空格键，也可以输入多个换行符，但是在转换为设计视图时或预览页面时都只把多个空格键或多个换行符当成一个空格符显示。

② 插入特殊字符

在网页中要用到一些特殊字符，可以利用 Dreamweaver CS5 自带的特殊字符集。执行菜单栏中的"插入"→"HTML"→"特殊字符"命令，在出现的子菜单中选择所需的符号。若在子菜单中没有所需要的字符，则可以选择"其他字符"菜单项，打开"插入其他字符"对话框，如图 3-10 所示，可以选择更多的其他特殊字符。

图 3-10　"插入其他字符"对话框

③ 插入日期。当需要在页面中插入日期时,执行菜单"插入"→"日期"命令,打开"插入日期"对话框。在该对话框中,可以选择星期格式、日期格式和时间格式。如果希望每次保存文档时都自动更新插入的日期,则需要将"储存时自动更新"复选框选中,如图3-11所示。

图 3-11　"插入日期"对话框

④ 插入水平线。水平线用于分隔段落与段落,使文档结构更清晰明了,也使文本的排版更加整齐。执行菜单"插入"→"HTML"→"水平线"命令,即可插入一条水平线。

在文档窗口中选择水平线,利用图 3-12 所示的"属性"面板可以修改其属性。

图 3-12　修改水平线属性面板

宽、高:分别输入水平线的宽度和高度,单位可以用像素也可以用百分比。

对齐:选择水平线的对齐方式(左对齐、居住、右对齐),默认为居中对齐方式。

类:设置水平线的样式。

阴影:设置水平线是否要添加阴影。

3．设置文本格式

　　在 Dreamweaver CS5 中插入文本的方法十分简单，但是要使文本内容真正与页面的背景、图片和 flash 动画等其他网页元素协调一致，使整个页面看起来浑然天成，那么对文本内容格式进行设置就是必要且重要的一个环节。

　　要设置文本属性，最简单的操作方法就是利用"文本"属性面板，这样可以使操作变得直观、方便而且快捷。首先选中需要设置格式的文本，再使用"文本"属性面板设置文本格式。"文本"属性面板位于编辑窗口的下方，如果在编辑窗口的下方未发现属性面板，那么执行菜单"窗口"→"属性"命令即可打开属性面板，如图 3-13 所示。

图 3-13　"文本"属性面板

　　Dreamweaver CS5 中的"文本"属性分为两大样式：HTML 样式和 CSS 样式。其中，HTML 样式主要是利用 HTML 标签控制文本的结构，如标题文本、列表文本等；CSS 样式主要是控制文本的格式，如文本的字体、大小、颜色等。

1) HTML 样式

　　HTML 样式主要用于控制文本的结构，单击"文本"属性面板上的"HTML"按钮即可显示 HTML 样式面板，如图 3-13 所示。

　　(1) 格式。在 HTML 样式面板中单击"格式"下拉列表，在该其中可以设置文本的段落格式、标题格式和预先格式化。

　　① 段落格式：就是设置所选文本为一个段落，并在段落上应用排版的一种方法。

　　在网页中设置段落文本很简单，只需在 Dreamweaver CS5 设计视图中，直接输入文本后按下回车键，Dreamweaver CS5 会自动将其设置为一个段落，光标自动换行；或者是在输入文本后无须按回车键，只需选中文本，并在 HTML 样式面板中打开"格式"下拉列表选中"段落"选项。若要删除段落格式，选中文本，在"格式"下拉列表中选择"无"选项，如图 3-14 所示。

在 Dreamweaver CS5 中，按回车键是创建一个新的段落，段落与段落之间会插入一个空行，因此段落与段落之间的间距比较大。若在一个段落中要用到换行，不是按回车键，而是通过快捷键 Shift+回车键(强制换行的方式)来实现。

② 标题格式：标题主要是用于强调段落要表现的内容，如案例中的红色字体"介绍"和"地下铁"等字体都是段落的标题。

在网页中，定义了 6 级标题，从 1～6 级，每级标题的字体大小依次递减。标题文字的大小和颜色并不是固定不变的，可以通过页面属性来改变各级标题的大小和颜色。 在 Dreamweaver CS5 中设置标题文本与设置段落文本类似，如图 3-14 所示。

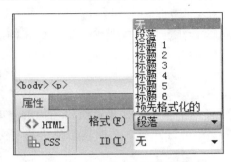

图 3-14 "格式"下拉列表

(2) 创建列表文本。列表文本常应用于条款或列举等类型的文本中，可使内容更清晰、直观。列表分为项目列表和编号列表。其中，项目列表又称为"无序列表"，列表的项目文本之间没有先，后顺序之分，项目列表前面一般用项目符号作为前导字符。编号列表又称为有序列表，其文本前面用阿拉伯数字或罗马数字等作为前导字符。

要设置列表文本，直接在 HTML 样式面板中单击"项目列表"按钮 ▤ 或"编号列表"按钮 ▤ 将出现列表文本的前导字符，在前导字符后面直接输入文本，然后按回车键，列表的前导字符将自动出现在下一行的最前面。完成整个列表文本的创建后按两次回车键即可。若要取消列表文本，只需选中所有列表文本，再单击"项目列表"按钮 ▤ 或"编号列表"按钮 ▤ 即可。

(3) 缩进和凸出。根据排版需求，有时为了强调文本，需要缩进段落或突出段落。缩进和突出是针对浏览器的左端而言的。要缩进或凸出文本，可以在 HTML 样式面板中单击"文本缩进"按钮 ≛ 或"文本凸出"按钮 ≛ ，缩进和凸出可以嵌套也可以连续使用。

(4) 文本的加粗和倾斜。为了突出文本，需要加粗或倾斜文本，可以在 HTML 样式面板中单击"文本加粗"按钮 **B** 或"文本倾斜"按钮 *I* 。这种方式的文本加粗和倾斜属于文本结构而不是文本样式。

2) CSS 样式

CSS 样式主要用于控制文本的格式，单击"文本"属性面板上的"CSS"按钮即可显示 CSS 样式面板，如图 3-15 所示。

图 3-15 "CSS"样式属性面板

用 CSS 样式可以控制文本的字体、大小、颜色以及对齐方式等格式，但在设置之前要先创建一个 CSS 样式。这里只介绍如何使用 CSS 控制文本格式，更多的知识在第 7 章有详细讲解。

CSS 样式控制文本格式的具体操作步骤如下。

① 先选中需要设置格式的文本。

② 单击"文本"属性面板上的"CSS"按钮，即出现 CSS 样式面板，在该面板中的"目标规则"下拉列表中选中"新 CSS 规则"，再单击"编辑规则"按钮，将出现"新建 CSS 规则"对话框，如图 3-16 所示。

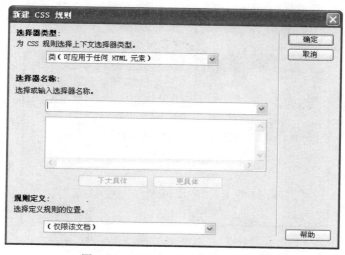

图 3-16 "新建 CSS 规则"对话框

③ 在"新建 CSS 规则"对话框中的"选择器类型"下拉列表中选择"标签(重定义 HTML 元素)"选项，单击"确定"按钮，将出现该标签的 CSS 规则定义对话框，即可设置该标签或文本的格式，如图 3-17 所示。

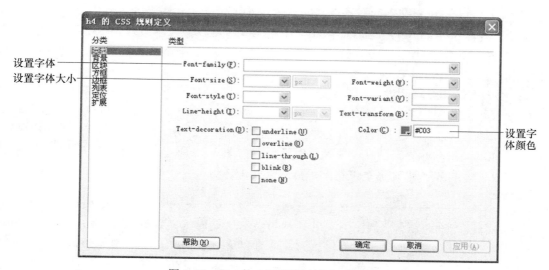

图 3-17 "h4 的 CSS 规则定义"对话框

④ 可以直接在"h4 的 CSS 规则定义"对话框中直接设置文本的格式，也可以先单击"确定"按钮，回到"文本"属性面板再设置，如图 3-18 所示。

图 3-18　设置标题文本的属性面板

字体：设置文本字体，在 Dreamweaver CS5 中默认字体为"宋体"。用户可以通过"字体"下拉列表选择其他字体，若所需字体不在列表中，可以通过"字体"下拉列表中的"编辑字体列表"命令自行添加，如图 3-19 所示。

图 3-19　"编辑字体列表"对话框

在"可用字体"列表框中选中所需字体，单击添加按钮 ⟨⟨ ，将当前字体添加至左侧的"选择的字体"列表框中，然后再单击"确定"按钮完成字体的添加。

B *I* ：设置字体样式，加粗和倾斜。选中需设置样式的文本，再单击"加粗"按钮**B**或"倾斜"按钮*I*。

≡ ≡ ≡ ≡ ：设置文本的对齐方式(左对齐、居中、右对齐、两端对齐)。

大小：设置文本的大小。选择"大小"下拉列表可以改变文本的大小。

▇ ：设置文本的颜色，文本默认的颜色是黑色。用户若需修改文本颜色，只需单击"颜色"按钮 ▇ 进行修改。

4．插入图像和编辑图像

在页面中插入图像的方法十分简单，首先定位好需插入图像的位置，再执行菜单"插入"→"图像"命令，打开"选择图像源文件"对话框，如图 3-20 所示。选择图像后单击"确定"按钮，再弹出"图像标签辅助功能属性"对话框，如图 3-21 所示，该对话框主要用来设置图片的替换文本，再单击"确定"按钮即可插入一张图像。

小贴士

替换文本：浏览网页时鼠标指向图像或图像不显示时出现的文本。当某些浏览终端不显示图像时，浏览者可以通过替换文本了解图像的信息，网页制作者要养成这样的一个习惯。

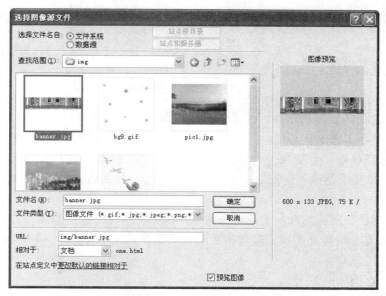

图 3-20 "选择图像源文件"对话框

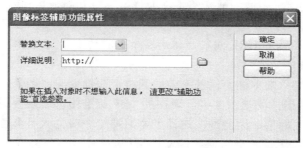

图 3-21 "图像标签辅助功能属性"对话框

若插入的图像不在站点文件夹中，系统会提示是否将图像复制到站点文件夹，一般选择"是"，因为所有的资源放在站点中，既能保证上传站点完整，又能用相对地址引用图像的 URL，保证链接的可靠性，提示信息如图 3-22 所示。

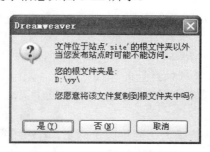

图 3-22 "提示信息"对话框

将图像插入到 Dreamweaver CS5 中后，为了使图像文件符合网页需求，与文字等其他元素协调一致，需要对图像进行后期的调整修饰。

单击工作区中已插入的图像，在工作区下方将显示"图像"属性面板，如图 3-23 所示，通过该属性面板可以编辑图像格式，如图像大小、边框、对齐方式等。

图 3-23 "图像"属性面板

(1) 调整图像大小。要调整图像大小，可通过以下两种方式调整。

① 若无须精确图像的高与宽，则可直接单击图像，将鼠标指针移动到图像的右、下边缘或右下角，这时鼠标指针会变成一个调整手柄样式，按下鼠标左键不放，拖动鼠标至图像大小合适为止。如果要求精确保持图像的高、宽比例不变，那么可以在按住 Shift 键的同时拖动图像。

② 若需精确设置图像的高与宽，则要通过"图像"属性面板中的高与宽属性设置，直接输入所需的图像大小值即可，单位是像素。若需还原图像的原始大小，只需单击高与宽数值后面的"还原"按钮 。

(2) 编辑设置图像。

：单击该按钮可以通过图像编辑软件对图像进行编辑。

：分别用于图像的剪裁、重新取样、亮度和对比度以及锐化的设置。

(3) 设置图像其他属性。

① 源文件：显示图像的 URL 路径，单击文本框右边的"文件夹"按钮 ，可以在打开的对话框中选择其他的图像文件。

② 替换：在"替换"文本框中输入图像的简单说明性文字，浏览网页时鼠标指针指向图像会显示"替换"文本框中的说明文字。现在的 Web 标准中都要求要设置图像的替换文本，否则网页将不符合 Web 标准，因此网页设计者要习惯给图像输入替换文本。

③ 链接：设置单击图像就会链接到的文件路径。

④ 边框：设置图像的边框大小，直接在"边框"文本框输入边框大小的值即可。

⑤ 边距设置：垂直边距与水平边距分别用于设置图像的垂直和水平方向的空白区域，通过设置图像周围的空白区域进行偏移图像。输入的值必须是正值。

⑥ 对齐：设置图像的垂直对齐方式，直接选择"对齐"下拉列表中的选项即可设置图像的垂直对齐方式。

5．设置页面属性

(1) 外观 CSS。外观 CSS 指的是通过 body 标签的 CSS 样式来设置字型、字体大小、颜色及背景等属性，建议使用该外观设置页面属性。

① 设置页面字体格式。设置的字体格式是应用于整个页面，设置的方式与文本属性的设置一致，不再赘述。

② 设置页面背景。页面背景是为了修饰整个网页，若运用得当，会使整个页面更加美观。页面背景的设置又分背景颜色与背景图片的设置，一般设置的背景颜色要与背景图片的整体颜色相近，这样即使背景图片显示不了时，整个网站的整个色调都不至于失调。

单击"背景图像"后面的"浏览"按钮，打开"选择图像源文件"对话框，选择背景图片后单击"确定"按钮回到"页面属性"对话框，然后在"重复"下拉列表中选择背景显示方式，再单击"确定"按钮，即可查看到效果。

③ 设置页边距。设置页边距的功能主要是用于设置网页四周空白区域的宽度和高度，即

网页距离浏览器四周边框的距离。在"左边距""右边距""上边距"和"下边距"四个文本框中分别输入网页四个页边距的值。这时右侧的数值单位下拉列表被激活,从中可以选择数值单位,包括"像素(px)""点数(pt)""英寸(in)""厘米(cm)""毫米(mm)""12pt 字(pc)""字体高(em)""字母 X 的高度(ex)"和"百分比(%)"等。如果不选择单位,则以像素(px)为默认单位。一般建议将页边距都设置为 0px,特别是"上边距"要设置为 0px。

(2) 外观 HTML。外观 HTML 也能像外观 CSS 一样设置背景颜色、背景图片及页边距等,但是外观 HTML 主要是通过 HTML 的标签属性来设置的,这样的设置方式已不符合现在的网页标准。

(3) 链接(CSS)。"链接"属性主要是进行与页面链接效果相关的各种设置,针对链接文字的字型、大小、颜色和样式属性进行设置。具体的属性说明在第 4 章中有详细的讲解。

(4) 标题(CSS)。在"页面属性"窗口左侧的"分类"列表中选择"标题 CSS"选项,在右侧显示的是与标题相关的各种属性设置,其中"标题字体"是定义标题文本的字型,"标题 1"~"标题 6"分别是针对 1~6 级标题文字的字号和颜色的设置。

(5) 标题/编码。标题/编码属性是指网页标题、文字和编码等内容。

(6) 跟踪图像。对于网页初学者,在制作网页时可能需要一些辅助参考,如模仿他人的网页版面或者创意,有时需要用绘图工具绘制网页草图,相当于用设计网页打草稿。Dreamweaver CS5 可以将这种设计草图设置成跟踪图像,铺在网面作为背景,用于引导网页的制作,在浏览时不显示跟踪图像。

单击跟踪图像右边的"浏览"按钮,打开"选择跟踪图像源文件"对话框,选择用于设置跟踪图像的图像,单击"确定"按钮,再设置跟踪图像显示的透明度,单击"确定"按钮,完成跟踪图像的设置。若要调整跟踪图像,则可通过执行菜单"查看"→"跟踪图像"→"调整位置"命令来调整跟踪图像的位置。

实践任务

任务 5　制作"自我介绍"网页

任务目的:
1. 掌握网页的制作流程。
2. 掌握在网页中插入与编辑文本和图像的方法。
3. 掌握创建鼠标经过图像的方法。
4. 掌握页面属性的设置方法。

任务内容:
创建一个"自我介绍"网页,页面内容与布局不限。

任务指导:
1. 规划好"自我介绍"站点的结构,创建好本地站点。
2. 新建一个空白网页文件,保存在站点文件中,命名为"index.html"。
3. 编辑网页内容。
4. 保存网页文件,并浏览网页效果(浏览网页方法:单击"文档"工具栏上 按钮或者按 F12 键)。

本章小结

　　本章通过"个人主页"任务案例详细介绍了文本和图像的插入方法，以及属性的设置方法和后期的调整技巧，作为网页制作最基本的知识，这些都是读者应该牢牢掌握的。文本与图像仅仅是网页中最基本的元素，要制作出精美的网页，还要借助于后面将要讲到的表格、层等布局元素。

知识点考核

一、单选题

1. 在输入文本内容时，要使文本换行，可以(　　　)。
   A. 按下"Enter"键　　　　　　　　　　B. 按下"Alt"+"Enter"键
   C. 按下"Shift"+"Enter"键　　　　　　D. 利用空格换行

2. 要在当前页面中插入特殊符号，可以(　　　)。
   A. 单击"文本"工具条最右侧的按钮，选择下拉菜单中的"其他字符"选项，打开"其他字符"窗口，从中选择特殊字符插入即可
   B. 将 Word 等字处理程序中的特殊字符复制粘贴到 Dreamweaver CS5 中
   C. 利用输入法自带的特殊符号来输入
   D. 执行菜单"插入"→"特殊符号"命令

3. 在 Dreamweaver 中，若想输入多个空格，则应(　　　)。
   A. 将输入法提示框上的"半角"改为"全角"
   B. 将输入法提示框上的"全角"改为"半角"
   C. 将输入法提示框上的英文状态下的标点符号改为中文状态下的标点符号
   D. 将输入法提示框上的中文状态下的标点符号改为英文状态下的标点符号

4. 在 Dreamweaver 中，缩小行间距的快捷键是(　　　)。
   A. Ctrl+Enter　　　　B. Shift+Enter　　　　C. Ctrl+Speac　　　　D. Shift+Speac

二、问答和操作题

1. 如何在页面中添加水平线、时间和版权等信息？
2. 鼠标指针经过图像与导航栏图像有哪些相似之处？又有哪些不同？如何制作鼠标指针经过图像的效果？
3. 简述在 HTML 中如何控制文本的大小、颜色和对齐方式等属性？

第4章 规划网页布局

技能目标：
✧ 使学生学会利用表格存储数据。
✧ 使学生学会利用表格创建网页布局。

知识目标：
✧ 了解表格的基本概念。
✧ 掌握表格的创建、编辑和保存方法以及相应属性的设置方法。
✧ 掌握表格的基本操作。
✧ 掌握单元格的基本操作。

任务导入

表格是网页设计制作时不可缺少的重要元素。使用表格可以清晰地显示列表的数据，实际上表格的作用远远不止显示数据，更主要的是借助它来实现网页的精确排版，由于 HTML 语言并没有提供非常有效的排版手段，因而要进行精密的网页设计，表格的应用无疑是一个非常重要的内容。

任务案例

本章的任务案例是使用表格布局化妆品公司的网站首页，并练习在网页中如何利用表格合理地安排网页元素，其效果图如图 4-1 所示。

任务解析

本案例是一个化妆品公司网站的首页。首先分析该页面的布局情况，再使用表格布局页面的整体框架，然后再利用表格合理地安排页面上的元素，最后整理修饰网站细节。

流程设计

完成本章任务的设计流程如下：

①分析化妆品公司网站的首页；→②确定页面布局的框架；→③使用表格设置页面框架；→④输入页面元素；→⑤整理、修饰页面细节，最终完成页面。

图 4-1　化妆品公司首页

(效果：光盘\ch4\效果\任务案例\index.htm)

任务 1　实现页面框架

(1) 对化妆品公司网站的首页进行分析，规划好整个网站的目录结构，建立本地站点。具体操作步骤如下。

① 在 E 盘建立一个名称为 site 的文件夹，在该文件夹中再建立 3 个子文件夹，分别命名为 flash、images 和 pic，然后将相应的素材复制至文件夹中。

② 打开 Dreamweaver CS5，建立站点，站点名称为 root，本地站点文件夹为 E:\site。

③ 新建一个空白文档，保存至 site 文件夹根目录下，命名为 index.htm。

(2) 根据对化妆品公司网站首页的分析，该页面分为三部分，分别是网页头部部分、主体部分和脚注部分。只要确定好这三部分的页面框架，即完成了网页的整体框架。

① 创建头部框架。根据头部框架的分析，确定需要用 4 行 9 列的表格来实现，具体操作步骤如下：

● 插入表格：执行菜单命令"插入"→"表格"，弹出"表格"对话框，设置参数如图 4-2 所示。

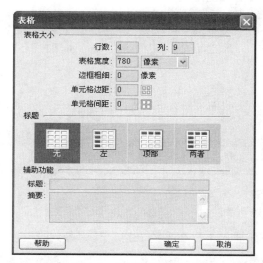

图 4-2 "表格"对话框

● 在编辑视图界面中生成了一个表格。通过表格右、下及右下角的黑色点可调整表格的高度。设置整个表格居中对齐，如图 4-3 所示。

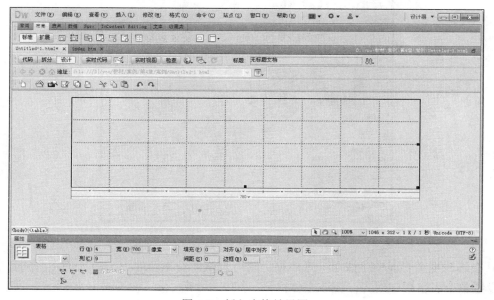

图 4-3 插入表格效果图

● 合并单元格，根据需要合并单元格，效果如图 4-4 所示。

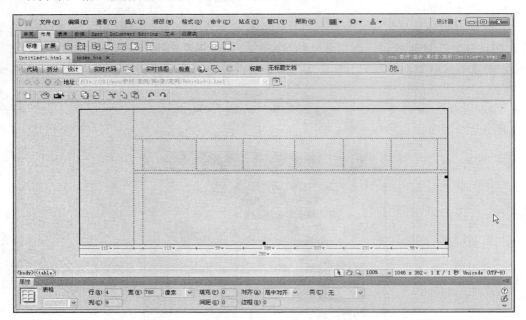

图 4-4　头部的整体框架

② 创建主体框架。

● 紧接着头部框架底部插入 1 行 2 列的表格，具体参数的设置如图 4-5 所示。

图 4-5　"表格"对话框

● 在编辑视图界面中生成了一个表格。通过表格右、下及右下角的黑色点调整表格的高度。设置整个表格居中对齐，完成主体框架，如图 4-6 所示。

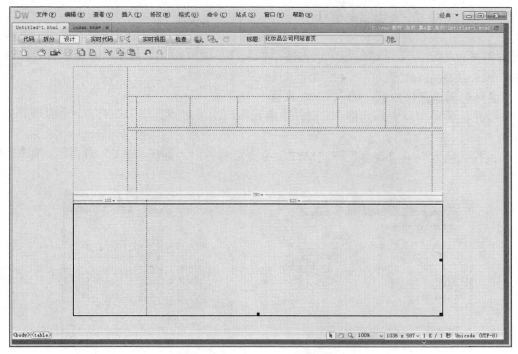

图 4-6　主体部分的整体框架

③ 创建脚注框架。脚注框架比较简单，只需紧接着主体框架的底部插入一行一列的表格即可。到此完成了整个页面的整体框架，如图 4-7 所示。

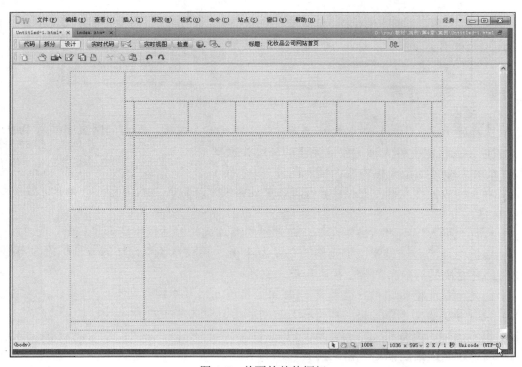

图 4-7　首页的整体框架

任务 2　实现页面头部部分

头部框架已确定，现只需向各个单元格中填充内容即可。在头部布局表格中没有涉及嵌套表格，因此实现起来要简单些，下面介绍具体的操作步骤。

1．填充左侧单元格内容：插入 flash 文件

(1) 将光标放置在左侧单元格中，设置该单元格的水平对齐方式为左对齐，垂直对齐方式为顶端对齐。

(2) 执行"插入"→"媒体"→"SWF"命令，将弹出"选择 SWF"对话框，如图 4-8 所示。

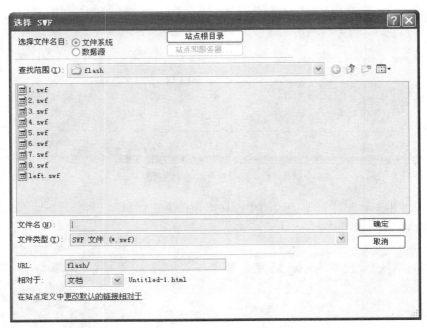

图 4-8　"选择 SWF"对话框

(3) 选择好 flash 文件(后缀名为.swf)后，单击"确定"按钮，即可向网页中插入 flash 文件。完成后，再根据文件大小调整单元格的高度和宽度。

2．填充右侧顶端单元格内容：插入图片

(1) 将光标放置在左侧单元格中，设置该单元格的水平对齐方式为右对齐，垂直对齐方式为顶端对齐。

(2) 执行"插入"→"图像"命令，在弹出的图片选择对话框中选择"1.gif"图片。

(3) 根据图片的大小设置该单元格的高度为 48px，再设置该单元格的背景颜色为白色。

3．填充右侧的导航条内容：插入导航条文本

(1) 向各个单元格中输入导航条文本(从第二格单元格开始输入文本)。

(2) 设置导航条文本单元格的水平和垂直对齐方式都为居中对齐。

(3) 设置该行的所有单元格的背景颜色为"#ff7f8e"。

4．填充右侧边最底端单元格的内容

插入 flash 文件，和左侧 flash 文件的插入步骤一样，不再重复。设置单元格的水平对齐

方式为左对齐，垂直对齐方式为顶端对齐，再设置单元格的背景颜色为"#9C6E12"，最终完成整个头部页面。保存文件后预览网页，最终的头部效果图如图4-9所示。

图4-9　头部页面的最终效果图

任务3　实现页面主体部分

主体部分主要分为左，后两部分，左，右两边都用到嵌套表格，左边为站内图片导航，右边则是最新产品的图片展示。

1. 完成左边单元格

左边单元格中是通过嵌套一个5行1列的表格来完成站内图片的导航。具体操作步骤如下：

(1) 将光标放置在左侧单元格中，设置该单元格的水平对齐方式为左对齐，垂直对齐方式为顶端对齐，设置该单元格的背景颜色为"#E5B608"。

(2) 插入嵌套表格，执行"插入"→"表格"菜单命令，设置表格参数如图4-10所示。

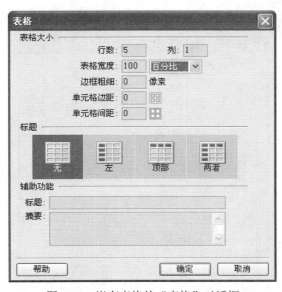

图4-10　嵌套表格的"表格"对话框

(3) 单击"确定"按钮，在左边单元格中生成一个 5 行 1 列的嵌套表格，设置该表格的所有单元格水平和垂直对齐方式都为居中对齐。

(4) 向各个单元格中插入导航图片，再调整整个表格的大小，即可完成，如图 4-11 所示。

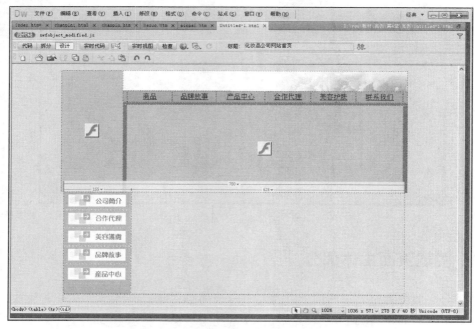

图 4-11　完成主体部分左侧单元格内容

2. 完成右边单元格内容

右边单元格主要是为了展示新产品图片，因此需要嵌套一个 3 行 2 列的嵌套表格。

(1) 将光标放置在右侧单元格中，设置该单元格的水平对齐方式为左对齐，垂直对齐方式为顶端对齐，设置该单元格的背景颜色为"#E5B608"。

(2) 插入嵌套表格，执行"插入"→"表格"菜单命令，设置表格参数如图 4-12 所示。

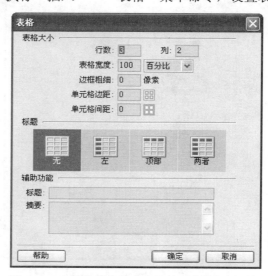

图 4-12　右侧单元格嵌套表格的"表格"对话框

(3) 单击"确定"按钮，在左边单元格中生成一个 5 行 1 列的嵌套表格，设置该表格的所有单元格水平和垂直对齐方式都为居中对齐，设置背景颜色为白色。

(4) 选中嵌套表格中第一行的两个单元格，单击"属性"面板中的▣按钮，进行合并单元格。

(5) 向嵌套表格的各个单元格中插入相应的图片，最终完成主体部分，保存预览页面，主体部分最终效果图如图 4-13 所示。

图 4-13　主体部分完成后的最终效果

任务4　实现页面脚注部分

脚注比较简单，只有 1 行 1 列的表格，先设置单元格的背景色为"#9C6E12"，再设置水平和垂直对齐方式为居中对齐，然后输入文本即可完成，效果图如图 4-14 所示。

图 4-14　脚注部分完成后的最终效果

至此，利用表格布局化妆品公司网站的首页制作完成，此时可以看到效果如图 4-1 所示。

知识点拓展

1．表格的基本概念

在开始操作表格之前，首先要对表格的基本概念有个了解，具体如图 4-15 所示。

表格是由行和列组成的，在表格中横向的叫行，纵向的叫列。行、列的交叉部分叫单元格，单元格是表格的基本单位。单元格中的内容和边框之间的距离叫边距。单元格和单元格之间的距离叫间距。整张表格的边缘叫做边框。

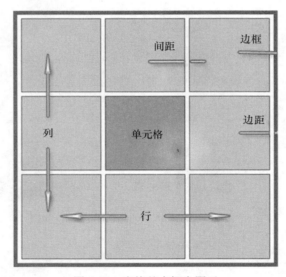

图 4-15　表格基本概念图示

2．表格的创建

在 Dreamweaver CS5 中创建表格的方法很简单，具体操作步骤如下：

(1) 在文档窗口确定插入表格的位置。

(2) 可用下列三种方法创建表格：

① 执行"插入"→"表格"命令。

② 直接单击"插入"面板上"常用"或"布局"子面板上的"表格"按钮 。

③ 直接用快捷键 Ctrl+Alt+T 创建。

使用以上三种方法中的任何一种均可以弹出"表格"对话框，如图 4-16 所示。

图 4-16 "表格"对话框

(3) 根据需要设置"表格"对话框中的参数，参数的具体功能如下：

"行"和"列"两个文本框分别用来设置生成的新表格具有的行数和列数。

"表格宽度"文本框用来设置表格的宽度，其右边的下拉列表中可选择表格宽度的单位，即百分比和像素。若单位是百分比，则浏览器窗口大小发生变化的时候表格的宽度也随之变化；而若设置宽度为某一像素值，则无论浏览器窗口大小为多少，表格的宽度都不会改变。

"边框"文本框用来设置表格边框的宽度。

> **小贴士**
>
> 若没有明确指定边框的值，则大多数浏览器按边框设置为 1 显示表格。若要确保浏览器显示的表格没有边框，需将"边框"设置为 0。

"单元格填充"文本框用来设置单元格的边距，即单元格中的内容和边框之间的像素数。

"单元格间距"文本框用来设置单元格的间距，即表格中单元格之间的像素数。

> **小贴士**
>
> 若没有明确指定单元格间距和单元格边距的值，则大多数浏览器按单元格边距设置为 1，单元格间距设置为 2 显示表格。若要确保浏览器显示的表格没有边距和间距，需将"单元格边距"和"单元格间距"设置为 0。

(4) 单击"确定"按钮，即可在光标位置插入一个表格，如图 4-17 所示为插入的 4 行 4 列的表格。

图 4-17　生成的表格

3．表格的基本操作

插入的表格有时并不一定完全符合要求，这时需要对表格进行编辑，如选中整个表格或某些单元格后对其进行删除、合并、拆分等操作。

1）选择表格

对表格进行操作之前必须先选中表格，用户既可以选中整个表格，也可以只选择某行或某列甚至某个单元格。

(1) 选择整个表格。选择整个表格有以下几种方法。

① 将鼠标指针移到表格内部的边框上，当鼠标指针变成 ┿ 或 ┿ 形状时单击鼠标即可。

② 将鼠标指针移到表格的外边框线上，当鼠标指针变为 形状时单击鼠标左键即可。

③ 将光标定位到表格的任一单元格中，单击窗口左下角标签选择器中的<table>标签即可。

(2) 选择整行。选择整行有以下几种方法。

① 在表格某一行的第一单元格内按住鼠标，水平拖动到此行的最后一个单元格上，松开鼠标即可选中此行。

② 将光标置于表格左边框上，当出现选定箭头 ➡ 时，单击鼠标即可选定整行。

③ 将光标定位在需要选取的行中任意一个单元格中，在标签选择器中单击<tr>标签，即可选中光标所在的行。

(3) 选择整列。选择整列有以下几种方法。

① 在表格某一列最上面的单元格内按住鼠标，垂直拖动到此列的最下面一个单元格上，松开鼠标即可选中此列。

② 将光标置于表格上边框上，当出现选定箭头 ⬇ 时，单击鼠标即可选定整列。

(4) 选择单元格。将光标定位在某个单元格中即可选中该单元格，或按住 Ctrl 键再单击要选中的单元格可以选择多个不连续的单元格。

2）行、列操作

在表格的实际操作过程中，若表格缺少行和列，则可以随时添加；若表格中有多余的行或列，则可以将其删除。

(1) 插入行、列。插入行、列有如下几种操作方法。

① 将光标放到单元格中，右击鼠标可打开快捷菜单，执行"表格"→"插入行"或"插入列"命令，即可插入单行或单列。

② 将光标放到单元格中，执行"插入"→"表格对象"→"在上面插入行"或"在左边插入列"等命令，即可插入单行或单列。

③ 将光标放到单元格中，右击鼠标可打开快捷菜单，执行"表格"→"插入行或列"命令，将弹出"插入行或列"对话框，可以插入多行或多列，如图 4-18 所示。

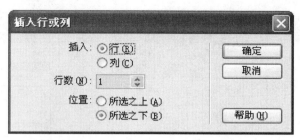

图 4-18 "插入行或列"对话框

(2) 删除表格行和列。删除表格行和列的方法很简单，选中要删除的行或列，然后右击鼠标打开快捷菜单，执行"表格"→"删除行"或"删除列"命令即可。

3) 单元格操作

(1) 合并单元格。在 Dreamweaver CS5 中可以合并任意多个连续的单元格，选中要合并的相邻单元格(见图 4-19)，单击单元格"属性"面板中的"合并单元格"按钮，如图 4-20所示，即可将单元格合并，如图 4-21 所示。

图 4-19 选中相邻的单元格

图 4-20 单元格"属性"面板

图 4-21 合并单元格

(2) 拆分单元格。拆分单元格是指将一个单元格拆分成几个独立的单元格。拆分单元格的方法很简单,将光标定位在要拆分的单元格中,单击单元格"属性"面板中的"合并单元格"按钮 打开"拆分单元格"对话框,设置需要拆分的行数和列数,单击"确定"按钮即可,如图 4-22 所示。

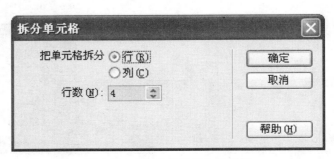

图 4-22 "拆分单元格"对话框

4) 嵌套表格

在 Dreamweaver CS5 中，对于表格的嵌套没有特殊的限制，表格可以像文本、图形一样直接插入另一个表格的单元格。嵌套表格的方法也很简单，将光标放到要插入表格的单元格中，执行"插入"→"表格"命令打开"表格"对话框，在对话框中设置表格的行数和列数等属性，单击"确定"按钮即可生成嵌套表格。

小贴士

　　设置嵌套表格时，先设置要插入表格的单元格的对齐方式为左对齐和顶端对齐，再设置要嵌套表格的宽度为 100%，这样嵌套表格会随着所在单元格的宽度变化。

4. 表格属性设置

在网页设计中，表格是最常用的页面元素之一，利用好表格几乎可以实现任何想要的排版效果。除此之外，灵活地设置单元格的背景、框线等属性还可以使页面更加美观。

(1) 表格属性设置。表格属性设置可以通过"属性"面板来完成，先选中表格，再设置"属性"面板，如图 4-23 所示。

图 4-23　表格的"属性"面板

表格：设置表格的名称。

行和列：设置表格的行数和列数，可以调整原来表格的行，列数结构。

宽：设置表格的宽度，数值后是宽度的单位。

填充：设置单元格内容与边框之间的距离，也叫边距，单位为像素。

间距：设置单元格之间的距离，单位为像素。

对齐：设置表格的对齐方式，默认为左对齐。

边框：设置表格边框的宽度，单位为像素。若无须显示边框，则设置为 0(用于布局时使用)，不设置即边框输入框为空时，默认为 1 像素。

按钮 [图] 和 [图]：设置表格的行高和列宽。

按钮 [图] 和 [图]：用于将表格的宽度单位像素数和百分数互换。

(2) 单元格属性设置。将光标放在要设置属性的单元格中，或选中要设置属性的多个单元格，再设置"属性"面板，如图 4-24 所示。

图 4-24　单元格的"属性"面板

通过单元格"属性"面板可以设置字体样式和单元格样式，单元格的属性具体说明如下：

按钮▢和▣：设置单元格的合并和拆分功能。

水平和垂直：设置单元格中元素的水平对齐和垂直对齐方式。

宽和高：设置单元格的宽度和高度，单位为像素。

背景颜色：设置单元格的背景颜色。若要设置整个表格的背景颜色，则要选中所有单元格，而不是选中表格，再设置单元格的背景颜色即可。

实践任务

任务 5　创建化妆品公司网站的二级页面

任务目的：

1．掌握创建表格的方法及表格的基本操作。

2．掌握利用表格布局页面的方法。

任务内容：

创建化妆品公司网站的二级页面，效果如图 4-25 所示。

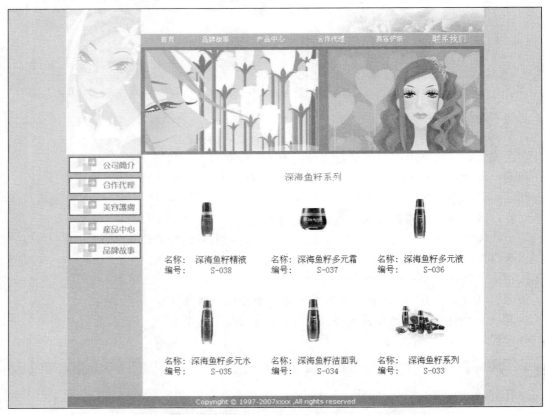

图 4-25　化妆品公司网站某个二级页面效果图

(效果：光盘\ch4\效果\实践任务\化妆品公司网站\效果图.png)

(素材：光盘\ch4\素材\实践任务\化妆品公司网站\)

任务指导：

1. 规划好站点结构，创建好本地站点。
2. 新建一个空白网页文件，保存在站点文件中，命名为"chanpin.htm"。
3. 用表格布局好整体架构。
4. 按照"从上至下，从外至内"的原则完成各个单元格内容的填充。

任务6　创建一个首饰网站(完成首页及二级页面)

利用表格布局一个首饰网站的所有页面，该网站的首页效果图如图4-26所示。

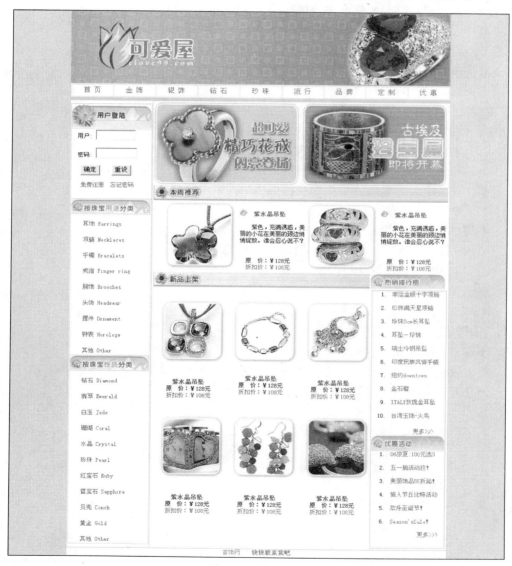

图4-26　首饰网站

(效果：光盘\ch4\效果\实践任务\首饰网\效果图.png)

(素材：光盘\ch4\素材\实践任务\首饰网\素材)

本章小结

本章介绍了表格的创建，行列的操作以及表格及单元格属性的设置等知识，通过一个具体的任务案例对表格的相关操作进行了详细的讲解，同时还详细介绍了利用表格如何布局页面。

知识点考核

一、单选题

1. 关于插入表格行的操作，下列说法不正确的是(   )

    A. 通过菜单"修改"→"表格"→"插入行"命令可以插入一行

    B. 通过右键快捷菜单"表格"→"插入行"命令

    C. 按下快捷键"Ctrl"+"M"

    D. 执行"插入"→"表格"→"插入行"命令

2. 如果在表格中设置背景图像之后又在该表格的某一单元格中设置了背景颜色，那么下列说法中正确的是(   )。

    A. 表格中的背景图像将失去意义

    B. 表格中的背景图像将完全被单元格颜色取代

    C. 表格中的背景图像依然存在，但该单元格中只显示单元格的背景色

    D. 单元格中的背景色无效

3. 不是单元格的水平对齐方式之一的是(   )。

    A. 两端对齐　　　　　　　　　　　B. 默认

    C. 居中对齐　　　　　　　　　　　D. 右对齐

4. 要选择多个连续的单元格，应按_____键，然后单击需要选定的单元格。(   )

    A. Ctrl　　　　　　B. Shift　　　　　　C. Alt　　　　　　　　D. Table

二、操作题

1. 制作一个4行6列的表格。

2. 将1题创建的表格的第4行合并。

3. 为2题中的表格应用表格样式，表格样式自选。

第 5 章 | 创建框架网页

技能目标：

◇ 掌握框架及框架集的基本操作。

◇ 掌握框架及框架集的属性设置。

◇ 掌握利用框架创建设计网页的方法。

知识目标：

◇ 理解框架结构的组成。

◇ 理解框架结构的优点。

任务导入

除了表格外，利用框架也可以进行页面布局。框架及 iframe 框架的使用是很普遍的，因为框架可以把浏览器窗口划分为若干个区域，每个区域实际上是一个独立的页面，可以分别显示不同的网页；在一个网页中，有时并不是所有的内容都需要改变，如网页的导航栏及网页标识部分是不需要改变的，如果在每个网页中都重复插入这些元素就会浪费时间，并且结构位置可能会不一致，而使用框架可以非常方便地完成导航工作，而且各个框架之间不存在干扰问题，网站结构更清晰。

本章内容主要介绍框架及 iframe 框架的使用方法和技巧，帮助读者在学习框架的创建及属性设置的同时，灵活地运用所学知识制作出精美的网站首页，以提高网页的制作能力。

任务案例

本章任务案例——设计制作"茶香世家"网页，效果如图 5-1 所示。

任务解析

"茶香世家"网页的结构分上、中、下三层，其中上层是网页的导航栏，下层是版权信息或联系方式，中间层是内容显示区，也是最主要的工作区域。中间层又分为左、右两侧。当单击导航按钮的时候，相应的次导航会出现在中间层的左侧，单击不同的次导航链接其主要内容就会显示在右侧工作区。操作过程中，网页结构和位置都未发生改变，唯一改变的是网页的内容。

中国是茶的故乡，也是茶文化的发祥地，中国人饮茶的历史由来已久。俄国人饮茶的历史虽不算太长，但茶在俄罗斯民族文化中却占有重要位置。俄国人不但喜欢饮茶，而且逐步创造并拥有了自己独特的茶文化。

中国的茶文化讲究茶具。谈到俄罗斯的茶文化，也不能不提到有名的俄罗斯茶炊。在古代俄罗斯，从皇室贵族到一介草民，茶炊是每个家庭必不可少的器皿，同时常常也是人们外出旅行郊游携带之物。俄罗斯人喜爱摆上茶炊喝茶，这样的场合很多：当亲人朋友欢聚一堂时，当熟人或路人突然造访时；清晨早餐时，傍晚蒸浴后；炎炎夏日农忙季节的田头，大雪纷飞人马攒动的驿站；在幸福快乐欲与人分享时，在失落悲伤需要慰藉时；在平平常常的日子，在全民喜庆的佳节……在不少俄国人家中有两个茶炊，一个在平常日子里用，另一个只在逢年过节的时候才启用。

Copyright © 2005 - 2009 红枫叶工作室，All Rights Reserved

图 5-1 "茶香世家"网页

(效果：光盘\ch5\效果\任务案例\index.html)

(素材：光盘\ch5\素材\任务案例\)

流程设计

完成本章任务的设计流程：

①创建上下结构固定的框架；→②在中间框架中创建左侧的嵌套框架；→③保存框架；→④编辑框架；→⑤设置链接

任务实现

任务 1 创建框架

操作步骤：

(1) 在 D 盘创建新文件夹，命名为"任务 5-1"，并将其作为站点文件夹用于存放站内的文档。

(2) 启动 Dreamweaver CS5 软件，在其主窗口中执行"文件"→"新建"命令，打开"新建文档"对话框。在对话框左边选择"示例中的页"选项，在"示例文件夹"列表中选择"框架页"选项，在"示例页"中选择"上方固定，下方固定"选项，如图 5-2 所示。

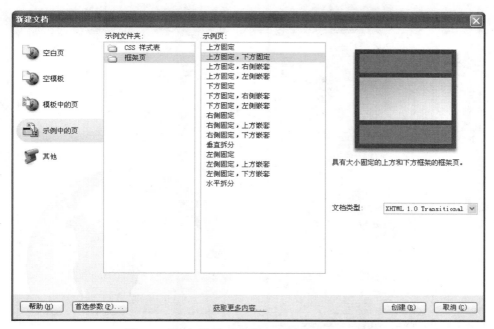

图 5-2　显示了框架边框的"新建文档"对话框

(3) 在"文档类型"下拉列表中选择默认的"XHTML 1.0 Transitional"，单击"创建"按钮，在打开的"框架标签辅助功能属性"对话框中为每个框架设置好一个标题，如图 5-3 所示。

图 5-3　"框架标签辅助功能属性"对话框

(4) 单击"确定"按钮，便可应用框架集，如图 5-4 所示。

小贴士

　　在文档窗口中，执行"插入"→HTML→"框架"命令下的子菜单，也可以选择设置不同的框架格式。

(5) 将鼠标指针放置于要创建嵌套框架集的中间框架中。

(6) 单击工具栏"布局"选项卡中的"框架"按钮 ▣▾ 后的下拉小三角，在弹出的菜单中选择"左侧框架"选项，如图 5-5 所示。

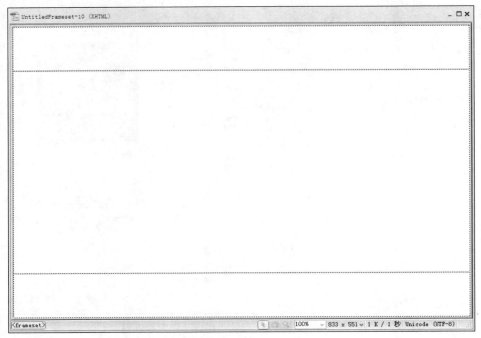

图 5-4　应用框架集效果

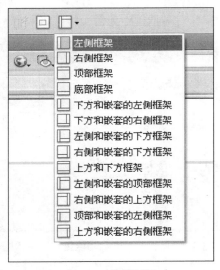

图 5-5　设置框架

(7) 在打开的"框架标签辅助功能属性"对话框中为框架设置标题,单击"确定"按钮应用框架集,则在原有框架的基础上中间框架的左侧添加了一个框架,如图 5-6 所示。

小贴士

如果要删除框架,只需用鼠标拖动框架边框将其脱离页面之外即可。如果要删除嵌套框架,将它的边框拖出其父框架外即可。另外,将鼠标指针移到框架的分割线中,当指针变为双向箭头时,拖动分割线可改变框架的大小。

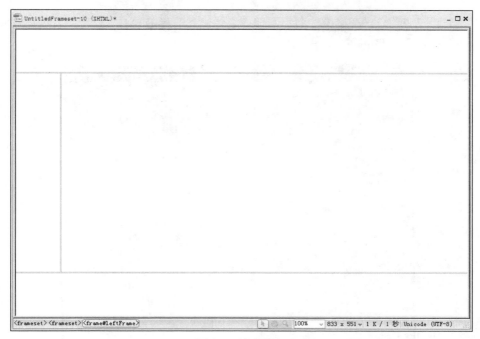

图 5-6　嵌套框架

任务 2　在框架中打开文件

操作步骤：

(1) 将鼠标指针插入点置于顶部框架(topFrame)窗格区域中，如图 5-7 所示。

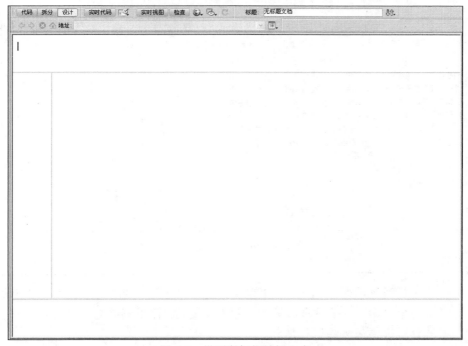

图 5-7　设置鼠标指针插入点

(2) 执行"文件"→"在框架中打开"命令,弹出"选择 HTML 文件"对话框,选择"ch5\素材\任务案例\ch5-11.html",如图 5-8 所示。

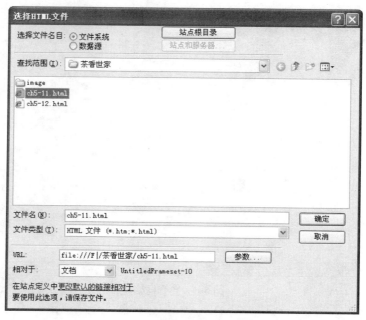

图 5-8 "选择 HTML 文件"对话框

(3) 重复步骤(1)、步骤(2),在左侧框架中打开文件"ch5\素材\任务案例\ch5-12.html"。

(4) 在中间的主框架(mainframe)区,利用表格技术插入一个二行二列的表格;合并单元格,留一个空白单元格中加入一些文本,如图 5-9 所示。

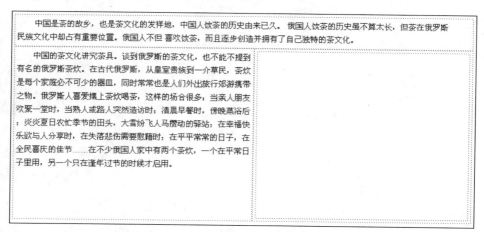

图 5-9 利用表格添加文本

小贴士

　　框架页面制作完成后,框架组中包括了多个文档,每个框架区域中都将显示一个页面。为了防止所做的框架发生变化,能在浏览器中正确地显示,应及时将所有框架文档进行保存。

小贴士

文件"ch5-11.html"和"ch5-12.html"都是事先利用表格做好的。

任务 3 保存框架

操作步骤：

（1）执行"文件"→"保存全部"命令，弹出图 5-10 所示的"另存为"对话框，选择文件的保存位置时出现文件名"UntitledFraneset-1"，其中文意思是"无标题框架集"，是整个框架的文件名，重新设置文件名"index.html"。

图 5-10 保存框架集

（2）单击"保存"按钮，接着又弹出一个"另存为"对话框，如图 5-11 所示，出现的文件名是"UntitledFraneset-4"，保存的是底部无标题框架，重新设置其名为"ch5-14.html"。

（3）单击"保存"按钮，弹出第三个"另存为"对话框，如图 5-12 所示，出现的文件名为"Untitled-1"，保存的是中间框架集无标题页面文件，重新输入名为"ch5-13.html"。

小贴士

　　由于 Dreamweaver CS5 以及浏览器对中文的支持不足，我们在保存时应尽量使用英文方式设置文件名。如果已经保存过框架文档，则该操作只是再次在原先的基础上保存框架文档，而不会弹出【另存为】对话框。如果有多个框架，则保存的文件数目是框架数加 1，其中的一个文件显示框架的结构，而其余的是每个框架的 HTML 文件。

图 5-11　保存框架

图 5-12　保存页面文件

任务 4　编辑框架

操作步骤：

(1) 设置框架的背景颜色。将鼠标指针置于要添加颜色的底部框架(bottomFrame)所在的位置，如图 5-13 所示。

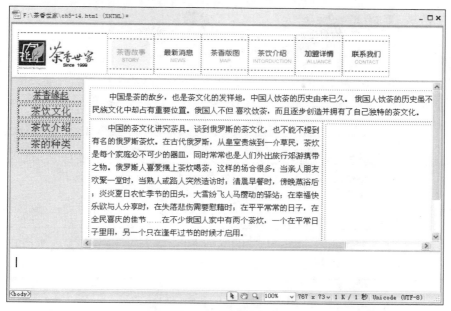

图 5-13　设置插入点

(2) 执行"修改"→"页面属性"命令，打开"页面属性"对话框，单击"外观"选项中的"背景颜色"色块按钮，从列表中选择淡粉色"#FFCCFF"背景，如图 5-14 所示。然后单击"确定"按钮。

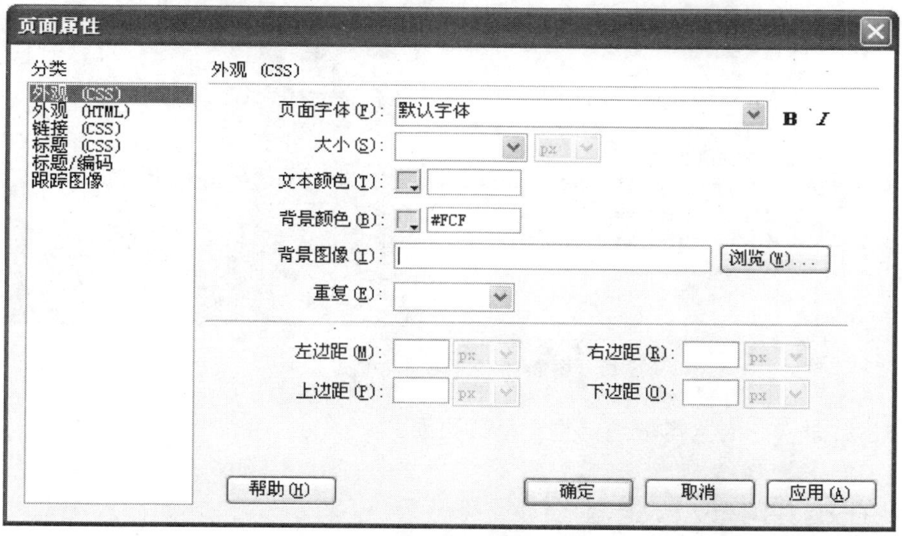

图 5-14　"页面属性"对话框

(3) 将鼠标指针置于要添加内容的底部框架中，插入一行一列表格，在表格中添加文本"Copyriht@2005-2009 红枫叶工作室，All Rights Reserved"，并调整表格的位置，如图 5-15 所示。

图 5-15　添加文本

任务 5　插入浮动框架

操作步骤：

(1) 选中 mainframe 框架中的空白单元格(见图 5-9)，将鼠标指针插入单元格，单击工具栏"布局"选项卡中的 iframe 按钮 □，页面中会插入一浮动框架，如图 5-16 所示。

图 5-16　单击 iframe 按钮

(2) 页面自动转换到拆分模式，并在代码中生成<iframe>…</iframe>标签，如图 5-17 所示。

<iframe src="ch5-16.html" height="300" width="370" name="a" scrolling="no" frameborder="0"></iframe>

图 5-17　生成的 iframe 代码

(3) 在空白单元格内插入浮动框架，插入如图 5-17 中代码，效果如图 5-18 所示。

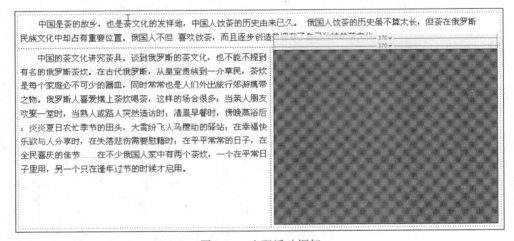

图 5-18　出现浮动框架

(4) 保存页面，在浏览器中预览整个框架页面。

任务 6　在框架中设置链接

操作步骤：

为 leftframe 框架中的文本"茶香缘起"设置超链接属性，超链接属性设置如图 5-19 所示。

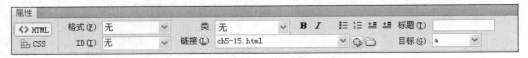

图 5-19　属性设置

其中，"目标"属性值设置需要手动输入，内容是浮动框架的名字再设置"茶饮文化"超链接，链接到"ch5-16.html"。至此，某公司的网站网页就制作完成了，浏览效果如图 5-20 所示。

图 5-20　网页浏览效果

知识点拓展

1．框架

(1) 框架的概念。框架其实就是独立的网页，但是却存在于同一个浏览器窗口中，即使用框架技术可以将不同的网页文档在同一个浏览器窗口中显示出来。框架的功能是在窗口的一边显示目录，另一边显示内容，如图 5-21 所示。因此，框架技术经常被用于实现页面文档的导航。

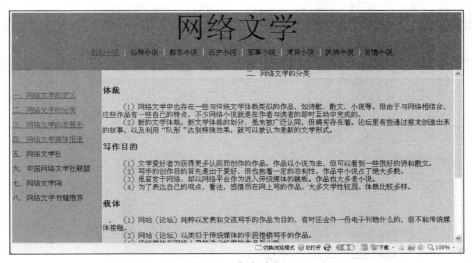

图 5-21　框架实例

各个框架之间不存在互相干扰问题。用户可以直接通过导航条切换到想要浏览的页面，而不必每一次都翻一个页面。

(2) 框架的特点。框架主要包括框架集和框架两个部分。其中，一个是框架集，即框架的集合，它是用于在一个文档窗口显示多个页面文档的结构，如图 5-22 所示，定义了框架数、框架的尺寸、载入带框架的网页等内容。另一个是框架，是指在页面中定义的显示区域，就是在框架集中被显示出来的文档。在框架集中显示的每个框架都是一个独立的页面文档。

使用框架可以将文档窗口分成几个部分，每个部分都是独立的框架，在每个框架中可以放置一个 HTML 页面。使用框架组织页面的好处在于可以在一个窗口中浏览几个不同的页面，避免了来回翻页的麻烦。

在使用框架布局网页之前，首先需要明确框架与框架集的关系。框架集是框架的集合，框架放在框架集中；框架集作为一个整体是一个页面文档，其中的每个框架又是一个页面文档，这就相当于几个分页面放在一个整页面中。

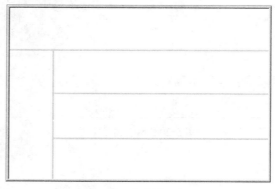

图 5-22　框架集示例

2．编辑框架

在对话框中进行编辑时，首先要选中所要编辑的框架，为了比较容易地选中框架，可以利用框架面板。

(1) 执行"窗口"→"框架"命令，打开"框架"面板，如图 5-23 所示。在框架面板中，框架集边框是粗三维边框，而框架边框则是细的灰色边框，每个框架用框架名来识别。

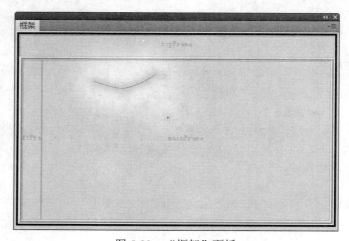

图 5-23　"框架"面板

若要选择框架，可在"设计"视图中，按住 Alt 键单击框架内部。若要选择框架集，可在"设计"视图中单击框架集的内部框架边框。为此，框架边框必须是可见的；若看不到框架边框，则执行"查看"→"可视化助理"→"框架边框"命令，以使框架边框可见。

(2) 选中框架，打开"属性"面板，设置属性参数，如图 5-24 所示。

图 5-24 框架"属性"面板

"属性"面板中各个按钮选项的含义如下所述。

① "框架名称":在该文本框中输入框架的名字。可以根据框架在整个框架网页中的位置命名，如在上面叫 up，在左边叫 left；也可以根据内容设置，放置导航条的叫 navi，放置内容的叫 main 等。

框架名称必须是单个单词，允许使用下画线(_)，但是不允许使用连字符(–)、句点不可使用 JavaScript 中的保留字(如 top 或者 navigator)。

② "源文件":该文件框用于设置该框架文件的 URL，也可以单击该文本框右侧的文件图标，然后从磁盘上选择框架源文件。

③ "滚动":在该列表框中，允许用户设置框架中出现滚动条大小的方式，其中有下列方式可供选择。

"自动":选择该项，表示当框架文档中的内容超出了框架的大小时，会出现框架滚动条，允许通过拖动滚动条显示框架的全部内容。

"是":选择该项，表示无论框架文档中的内容是否超出文本框的大小，都会显示框架滚动条。

"否":选择该项，表示即使框架文档中的内容超出了框架的大小，也不会出现框架滚动条。

"默认":选择该项，表示使用浏览器的默认设置显示滚动条。

④ "不能调整大小":选择该项，将无法通过拖动框架的边框来改变框架的大小；如果取消选择该项，则可以通过拖动框架之间的分隔条来改变框架的大小。

⑤ "边框":该下拉列表用来设置是否需要边框线。其中有下列方式可供选择。

"是":选择该项，表示在该框架与其四周的框架相邻处显示分隔条。

"否":选择该项，表示在该框架与其四周的框架相邻处不显示分隔条。

"默认":选择该项，使用浏览器的默认设置显示分隔条。

⑥ "边框颜色":该文本框用于设置框架边框的颜色。可以通过单击色块打开颜色选项板，选择需要的颜色；也可以在后面的文本框中输入十六进制颜色数值。

⑦ "边界宽度":在该文本框中可以设置当前框架左、右的空白边距，即框架的左，右边框同框架之间的距离，单位是像素。

⑧ "边界高度":在该文本框中可以设置当前框架上、下的空白边距，即框架上、下边框同框架之间的距离，单位是像素。

(3) 选择框架集，设置框架集的属性，其"属性"面板如图 5-25 所示。

图 5-25　框架集"属性"面板

框架集"属性"面板上各个选项的含义如下所述。

①"边框"：该下拉列表用来设置是否显示出边框，有 3 个选项可供选择。

"是"：选择该项，显示框线。

"否"：选择该项，不显示框线。

"默认"：选择该项，表示使用浏览器的默认设置显示框线。

如果选择"否"，用浏览器打开页面时看不见框线，但是用 Dreamweaver CS5 打开时仍有浅灰色的线，这是为了方便编辑。

②"边框颜色"：在这里可以设置边框颜色，只有将框线设置为显示时，框线的颜色才有意义。

③"边框宽度"：相当于各相邻框体的间距，Dreamweaver CS5 自动设为 0，这时可做修改。

④"行"/"列"：在这里可以对同一行的一个或几个框体的高度进行设置，或对同一列的一个或几个框体的宽度进行设置。

面板右侧有一个小框，可用鼠标对其上的行或列进行选取，选中的行或列在框中显示为深色。选中后，即可在行后设置其高或宽的大小。

⑤ 像素：选中"像素"时，将选定列或行的大小设置为一个绝对值。对于应始终保持相同大小的框架(例如导航条)，请选择此选项。在为以百分比或相对值指定大小的框架分配空间前，先为以像素为单位指定大小的框架分配空间。设置框架大小的最常用的方法是将左侧框架设置为固定像素宽度，将右侧框架大小设置为相对大小，这样在分配像素宽度后，能够使右侧框架伸展，以占据所有剩余空间。

如果所有宽度都是以像素为单位指定的，而指定的宽度对于访问者查看框架集所使用的浏览器而言又太宽或太窄，则框架将按比例伸缩以填充可用空间。这样适用于以像素为单位指定的宽度。因此，将至少一个宽度和高度指定为相对大小通常是一个不错的做法。

⑥ 百分比：选择"百分比"时，指定选定列或行应为相当于其框架集的总宽度的总高度的一个百分比。以百分比为单位的框架空间分配在像素为单位的框架之后，但在以相对为单位的框架之前。

⑦ 相对：选择"相对"时，指定在为像素和百分比为单位的框架分配空间之后，为选定行或列分配其余可用空间；剩余空间的大小单位设置为"相当"的框架之间按比例划分。

在"单位"菜单中选择"相对"时，在"值"字段中输入的所有数字均消失，如果要指定一个数字，则必须重新输入。不过，如果有一行或一列设置为"相对"，则不需要输入数字，因为该行或列将在其他行和列分配了空间后接受所有剩余空间。为了确保完全的跨浏览器兼容性，可用在"值"字段中输入 1，这等效于不输入任何值。

3．浮动框架

浮动框架的标记是 iframe。浮动框架技术可以将一个网页文档嵌入另一个网页文档中显示。可以是直接嵌入在一个网页文档中，与网页文档内容相互融合，成为一个整体；还可以在同一网页文档中嵌入多个网页文档。

由于 Dreamweaver CS5 中并没有提供浮动框架的可视化制作方案，因此需要学习一些页面的源代码。在"代码"视图下手动输入浮动框架属性值，如图 5-26 所示，在 Dreamweaver CS5 中会自动提示输入可用的属性。

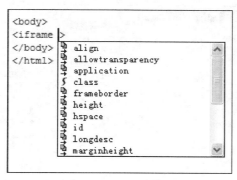

图 5-26　浮动框架源编辑模式

假设有如下源代码：

```
<iframe  src="1-1-1.html"  name"left"  width="460"  marginwidth="5 "    height="200" marginheight="10" align="middle" scrolling="yes"></iframe>
```

从上面的代码可以看出，浮动框架的语法结构和一些属性，如下所述。

(1) 浮动框架的语法结构。

<iframe>…</iframe>是浮动框架标记，必须成对出现。

(2) 浮动框架属性。

src：文件位置，代表在这个 IFrame 框架中显示的页面。

name：IFrame 框架的名称，命名后，方便在其他对象中使用。

id：指定多少框架标记的唯一 id 选择符。

height：指定浮动框架的高度。

width：指定浮动框架的宽度。

noresize：指定浮动框架不可调整尺寸。

frameborder：指定是否显示浮动框架的边框。若设置为 0，表示不显示浮动框架的边框；若设置为 1，则表示显示浮动框架边框。

border：指定浮动框架边框的宽度。

bordercolor：指定浮动框架边框的颜色。

Align：对齐方式，分为 left(居左)、right(居右)、middle(居中)、top(顶部)和 bottom(底部)。

framespacing：指定相邻浮动框架帧的间距。

hspace：指定浮动框架内的左，右边界大小。

vspace：指定浮动框架内的上，下边界大小。

marginheight：指定浮动框架的上边界大小。

scrolling：指定是否显示 IFrame 框架滚动条。

浮动框架不像框架那样要分割窗口，它是把一个网页的框架和内容嵌入现有的网页中。

这个嵌入的网页可以包括文本、表格、图像等很多内容，须放在<boby>和</boby>之间。

若要在 Dreamweaver CS5 中使用浮动框架，在"代码"视图下，有几种方式可以插入所需的源代码菜单命令，如图 5-27 所示。也可以在页面布局模式下的"代码"视图中单击按钮 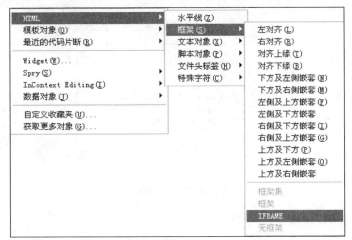，插入<iframe>…</iframe>，然后对浮动框架代码进行编辑。

图 5-27　创建浮动框架

4．在框架中设置链接

框架中的超链接主要用来实现站点文档之间的导航。在浏览器窗口显示的首页中单击某个链接，进入带有框架的文档，然后单击位于某个框架中的链接，返回首页。但是，如果链接设置不正确，在返回首页时，不是以整个浏览器窗口显示首页，而是在某个框架窗口中显示首页，会导致混乱。

要在一个框架内使用链接打开另一个框架中的文档，必须设置链接目标，可以使用"属性"面板的"目标"列表框在打开的列表中选择指定的链接文件。

框架链接的"属性"面板如图 5-28 所示。

图 5-28　选择目标框架

-blank：选择该项，表示在一个新建的、未命名的窗口中打开所链接的文档，因时系统会新启动一个浏览器窗口，载入所链接的文档。

-self：选择该项，表示在链接所在的框架或窗口中打开所链接的文档，即将当前浏览器窗口清空并在其中显示链接的文档。

-parent：选择该项，表示在 parent frameset(父框架集)或包含该链接的框架窗口中打开链接的目的文档。如果包含该链接的框架是非嵌套的，则文档将充满整个浏览器窗口。

-top：选择该项，表示在整个浏览器窗口中打开被链接的文档，并删除所有的框架。

仅当在框架集内编辑文档时才显示框架名称，当在文档自身的"文档"窗口中编辑该文档时，框架名称不显示在"目标"下拉列表中。如果要编辑框架集外的文档，则可以在"目标"下拉列表框中键入框架的名称。如果要链接到站点外的页面，请始终使用"target="-top""或"target="-blank""，以确保该页面不会显示为站点的一部分。

实践任务

任务 7 设计制作"计算机系简介"网页

本实践任务是设计与制作一个"计算机系简介"的网页，效果如图 5-29 所示。

任务目的：

1．掌握使用框架网页的创建、编辑和设置参数。

2．进一步理解框架网页在网页制作中的作用及其特点。

任务内容：

设计制作"计算机系简介"网页，网页顶部是一张 banner 图片，底部是版权信息，中间左侧是导航栏目，列举各个专业，中间右侧是专业介绍的内容。

任务指导：

1．分析"计算机系简介"网页的结构，创建框架。

2．在顶部框架插入 banner 图片。

3．在中间层左侧设置导航栏。

4．编写好每个专业简介的网页。

5．设置超链接，将左侧导航栏中的专业超链接到对应的专业简介网页。

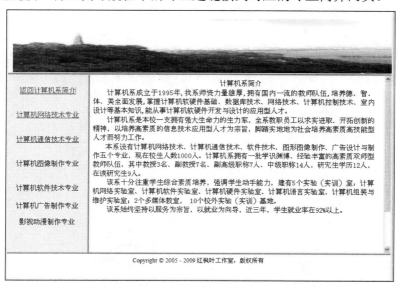

图 5-29 计算机系简介

(效果：光盘\ch5\效果\实践任务\index.html)

(素材：光盘\ch5\素材\实践任务\)

本章小结

　　框架可以用来布局页面，更可以使页面达到导航的效果。通过本章内容的学习，读者可以掌握基于框架的网页文件的设计与制作，并能通过示例制作深刻地了解它在实际中的应用。保存使用框架结构的网页文件对初学者有一定的难度，请读者反复练习，以达到熟练掌握。

知识点考核

一、单选题

1. 如果某个页面被划分为 3 个框架，那么它实际用到的网页文件数目是(　　)。

　　A. 1 个　　　　　　　B. 2 个　　　　　　　　C. 3 个　　　　　　　　D. 4 个

2. 在应用框架结构的页面中，为左边框架中的文本设定链接，使得在右边框架中显示对应的链接内容，链接目标应设置为(　　)。

　　A. _blank　　　　　　B. _leftFrame　　　　　　C. _self　　　　　　D. _mainFrame

3. 下面属于框架集属性的是(　　)。

　　A. 行/列　　　　　　　　　　　　　　B. 源文件

　　C. 边界高度和边界宽度　　　　　　　　D. 不能调整大小

二、填空题

1. 框架主要包括＿＿＿＿＿＿＿和＿＿＿＿＿＿＿＿两部分。

2. 应用框架结构的页面被划分为若干个区域，每个区域都是一个＿＿＿＿＿＿＿＿＿。

3. 要是消失的框架边框可见，可在菜单栏中执行【　　　　】→【　　　　】→【　　　　】命令。

第6章 创建网页链接

技能目标：
✧ 使学生掌握文本、图像、电子邮件和锚点超链接的创建方法。
✧ 使学生掌握各种链接属性的设置方法。

知识目标：
✧ 了解链接的基本概念。

任务导入

　　网站由若干网页组成，这些网页之间是通过超链接的方式联系起来的。简单地说，超链接就是从一个网页指向另一个网页，通过超链接可以方便地访问到其他网页。只要浏览者用鼠标单击带有超链接的文本或图像，就可以自动地链接上其他文件，这样才能让浩如烟海的网页连成一个整体，这也正是网络的魅力所在。

　　本章将通过一个任务案例对超链接以及相关知识进行详细讲解，相信通过本章的任务案例的学习，读者可以很快掌握超链接的创建和使用方法。

任务案例

　　本章的任务案例是创建好化妆品公司网站页面之间的超链接，该网站的首页效果图如图6-1所示。

任务解析

　　化妆品公司网站一共有8个页面，一个是首页，其他7个页面是通过首页导航链接打开的二级页面。整个网站的页面都已建设完毕，但是各个页面都是独立的，没有任何的联系。通过超链接的方式把各个页面联系起来，形成一个整体网站。

流程设计

　　完成本章任务设计流程如下：

　　①分析化妆品公司整个网站页面，规划好整个网站的主题版面，确定与各个版面对应的子页面；→②设置首页中各个主题版面的链接；→③设置其他子页面之间的链接；→④完善所有页面链接的设置；→④保存所有页面，预览查看所有链接设置的正确性。

图 6-1　化妆品公司首页

(效果：光盘\ch6\效果\任务案例\index.htm)

任务 1　创建导航栏文本链接

　　文本链接是网页中最常见的超链接，它能给浏览者以直观的主题信息，对其所包含的信息一目了然。文本链接最常应用于导航栏文本链接。下面以任务案例中的导航栏文本链接为例具体讲解文本链接的操作方法。

(1) 打开本章任务案例的首页 index.htm，选择导航栏文本，如图 6-2 所示的"品牌故事"。

图 6-2 选择导航栏链接的文本

(2) 打开"属性"面板，单击"链接"右边的"浏览文件"按钮，如图 6-3 所示。

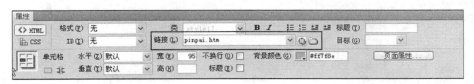

图 6-3 "属性"面板

(3) 从弹出的"选择文件"对话框中选择要链接的对象，例如"品牌故事"导航文本要链接的是网页文件 pinpai.html，那么在"选择文件"对话框中要选中 pinpai.html 文件，如图 6-4 所示。

图 6-4 "选择文件"对话框

(4) 单击"属性"面板中的"目标"下拉列表框，选择"_blank"，则可以在新的未命名的浏览器窗口中打开链接的文件，如图 6-5 所示。

图 6-5 选择链接页面的目标类型

(5) 保存文件，按下"F12"键预览，在 index.htm 首页中单击添加链接的"品牌故事"文本，就可以打开相应的链接页面。

在设置链接时，也可以直接在链接框中输入链接的目标路径，或直接拖动"指向文件"按钮 ，指向站点中要链接的文件，如图 6-6 所示。

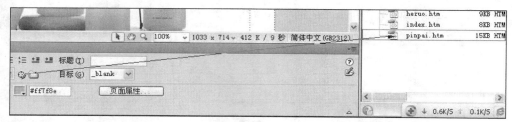

图 6-6　利用"指向文件"按钮链接页面

链接目标选项有如下几个可供选择：

_blank：在新的未命名的浏览器窗口中打开链接的文件。

_parent：在上一层页框或包含链接页框的上一层窗口中打开链接文件，如果包含链接的页框不是嵌套的，则会在完整的浏览器窗口中打开链接的文件。

_self：在与链接所在的同一个页框或窗口中打开链接的文件，是系统默认的设置，即若在链接目标选项中未设置时，页面就以该方式打开链接页面。

_top：会在完整的浏览器窗口中打开链接的文件，同时删除所有页框。

任务 2　创建图片链接

图片超链接的建立与文本超链接的建立方法相似，只是选择的不是文本而是图片。下面以任务案例中的导航栏图片的链接为例具体讲解图片链接的操作方法。

(1) 选择要创建链接的图片，如图 6-7 所示。

图 6-7　选择要创建链接的图片

(2) 打开"属性"面板，单击"链接"右边的"浏览文件"按钮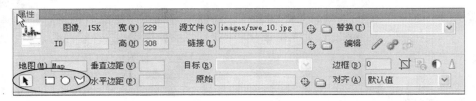，选择要链接的目标文件，再确定链接目标即可完成图片链接的设置。

任务 3　创建图片热区链接

对于图片，不仅可以将整张图片作为链接的载体，还可以通过制作热点区域将图片的某一部分设为链接。图片热区链接页叫"图像映射"，图像映射实际上就是将一张图片划分为多个区域，每个区域被称为一个"热区"，每个热区分别设置不同的超链接。在 Dreamweaver CS5 中，热区可以是不同的形状，有圆形、矩形和不规则多边形。单击热区即可链接到相应的地址。

在本章任务案例首页的"新产品介绍"中，产品图片与文字是组合成一张完整的图片，用户单击产品图片时将链接到该产品的页面，而单击系列文字时会链接到该产品系列页面。为了能实现这种功能，我们要创建图片热区链接。下面就以本案例来具体讲解热区链接的操作方法。

(1) 选中要创建热区链接的图片，打开"属性"面板，面板左下角有矩形、圆形、多边形按钮和一个箭头按钮，如图 6-8 所示。

图 6-8　热区图标

(2) 单击矩形、圆形和多边形中的任一个按钮，将光标移动到图片上并按下鼠标拖动，绘制出一个黑色边界线的浅蓝色区域(即热区)。在本案例中，用到两处热区，因此先单击圆形按钮，在图片上绘制出一个圆形区域，再单击矩形按钮，选中图片上的文字绘制一个矩形，如图 6-9 所示。

图 6-9　绘制热区

(3) 选择要设置链接的热区，单击"属性"面板中"链接"后的"浏览文件"按钮，在打开的"选择文件"对话框中选择热区链接的页面。若不设置链接，则默认为空链接。

(4) 在"属性"面板中的"替换"文本框中分别输入"北欧产品图片"和"鱼籽系列产品"，以显示提示信息。

(5) 保存文件，预览，此后用单击热点区域时就会打开链接页面。

> **小贴士**
>
> 如果绘制的热区不合适，可以单击"属性"面板上的箭头按钮，选定热区，然后将光标置于热区四周的控制点并拖动，即可改变其大小，或者在热区上按住鼠标并拖动改变其位置。

任务 4　创建锚点链接

除了可以在不同的网页之间进行链接，在同一个网页中也可以进行链接，锚点链接就是一种页面内部的链接。"锚点链接"是指在同一文件不同位置之间的链接或不同文件相关位置之间的链接，通常在网页文章比较长的时候使用，比如一个很长的页面，为了方便浏览者阅读，需要在页面每一章节或关键位置添加链接，这时就可以用到锚点链接。

例如，本案例中的 hezuo.htm 页面是该化妆品公司的合作代理的一些说明，文字比较多比较长，为了方便用户阅读，在页面的左边添加了页内导航，如图 6-10 所示。

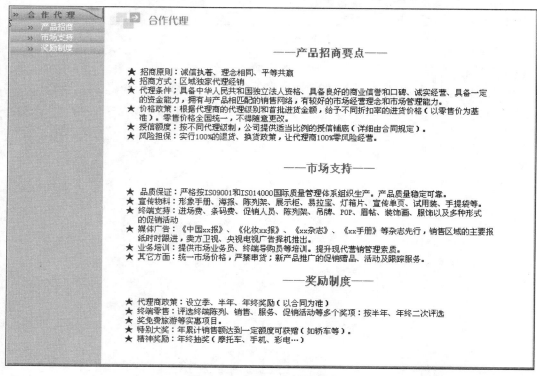

图 6-10　hezuo.htm 的部分页面

当用户单击左边的导航栏选项时，能显示相关的合作代理说明在页首。下面就以本案例来具体讲解锚点链接的操作方法。

(1) 将光标放到要插入锚点的位置，例如案例中的文章标题位置"——产品招商要点——"等。

(2) 执行"插入"菜单栏中的"命名锚记"命令，打开"命名锚记"对话框，输入锚记的名称，如图6-11所示。

图6-11　"命名锚记"对话框

(3) 单击"确定"按钮，在网页中可以看见插入的锚点标记，在预览网页时该标记是不可见的，如图6-12所示。

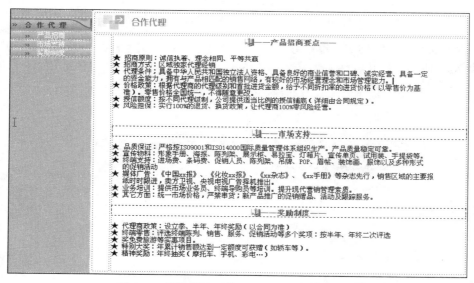

图6-12　插入锚点后的 hezuo.htm 的部分页面

(4) 选择该页面左边的导航栏文本设置链接，在"链接"栏里输入"#zhidu"，则单击"奖励制度"文本时，"奖励制度"的说明将跳到页首显示(若文章不够长时，单击链接将无作用)。

任务5　创建电子邮件链接

在网络应用中，E-mail 是最常用的通信联络方式之一，在网页中加入 E-mail 的链接，可以实现与浏览者的良好的互动效果。创建邮件链接后，当浏览者单击邮件链接时，系统会自动启动浏览器默认的邮件处理程序，且其中的收件人地址会自动更新为链接邮件地址。

(1) 选择需要链接的文本或图片，如本案例导航栏中的文本"联系我们"。

(2) 执行下列操作方法之一。

① 执行"插入"菜单栏中的"电子邮件链接"命令，打开"电子邮件链接"对话框，在"电子邮件"文本框中输入要链接的邮箱地址，如图 6-13 所示。

图 6-13 "电子邮件链接"对话框

② 打开"属性"面板，在"链接"框中输入"mailto:jingyou513@163.com"，如图 6-14 所示。

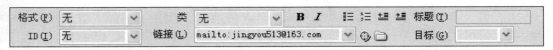

图 6-14 设置"电子邮件链接"属性

(3) 保存文件，预览网页。单击导航栏中的"联系我们"文本链接，系统会自动启动默认的邮件收发软件，并打开收件人为 jingyou513@163.com 的"新邮件"窗口，如图 6-15 所示。

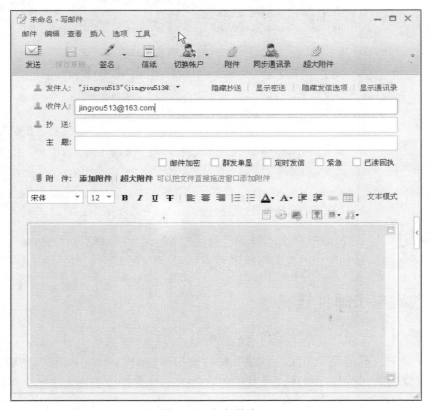

图 6-15 新邮件窗口

任务6　创建外部网页链接

所谓的外部链接，是指链接目标在网站之外，即与网站外文件的链接。如在网站链接框中输入网站名称"http://www.hnspi.edu.cn"就属于外部链接。

为了方便浏览者浏览本站点以外的网站，很多网站在设计时都会提供一些友情链接，即链接到外网，这些都属于外部链接。其建立的方法非常简单，类似于内部链接的方法。

(1) 选择要创建链接的对象，文本或图像，然后在"属性"面板中的"链接"框中输入相应的网址即可。例如，选中文本"海南软件职业技术学院"，然后在"属性"面板中的"链接"框中输入"http://www.hnspi.edu.cn"。

(2) 在"替换"文本栏中输入"海南软件职业技术学院"，添加鼠标指向链接时的提示信息。

(3) 保存文件，预览网页，单击链接时会打开"海南软件职业技术学院"的首页。

任务7　创建其他类型的链接

1．空链接

空链接是指该链接不会跳转到其他任何页面上，但是设置空链接的文字或图片是链接的样式。空链接经常用于链接的目标页面还未实现时，或为了进行网页测试，查看链接文本的样式等。设置空链接时，只需在"属性"面板中的"链接"栏后输入"#"即可建立，如图6-16所示。

图6-16　设置空链接的属性面板

2．文件下载链接

下载文件是每个上网者都需要用到的操作，是网站提供给浏览者一些可执行文件或压缩文件等的方式。下面就以本案例 pinpai.htm 页面中的链接来具体讲解文件下载链接的操作方法。

(1) 先将要提供给用户下载的文件复制到站点中，如本案例中的"美容保养.rar"压缩文件。

(2) 选中要链接的文本或图片，如图6-17所示，单击"链接"右边的"浏览文件"按钮，选择要链接的压缩文件即可，如图6-18所示。

图6-17　选择"文件下载链接"文本

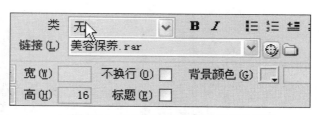

图6-18　设置文件下载链接的属性面板

(3) 保存文件，预览网页，此后单击"资料下载"链接时，就会打开"文件下载"的消息框，如图 6-19 所示。

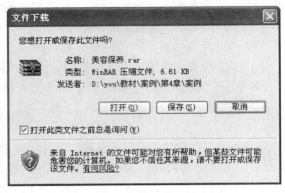

图 6-19   "文件下载"消息框

3．脚本链接

对于初学者来说，脚本链接似乎还有些陌生，脚本链接一般用来给浏览者提供有关某个方面的额外信息，而不需要离开当前页面。脚本链接具有执行 JavaScript 代码的功能，下面通过制作"打印资料"链接的一个小实例，来使读者对脚本链接有一个初步的了解。

(1) 打开 hezuo.htm 页面，选择页面下方的"打印资料"文本，在"属性"面板中的"链接"栏后输入"JavaScript:window.print( )"，如图 6-20 所示。

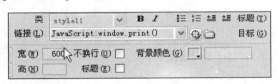

图 6-20   输入脚本代码、属性面板

(2) 保存文件，预览网页，单击"打印资料"文本链接时，就会弹出"打印"对话框，如图 6-21 所示。

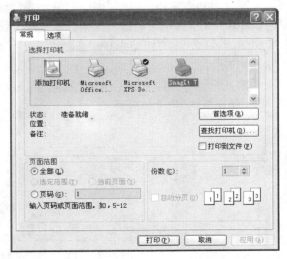

图 6-21   "打印"对话框

任务 8   链接属性的修改

在 Dreamweaver CS5 中，有系统默认的链接文字设置，如链接颜色为蓝色，访问过的链接颜色为紫红色等，很多时候为了页面的美观与颜色协调，需要更改这些默认的设置。

(1) 打开本案例中的首页(为了测试链接文本的样式，要打开一个已经设置好链接的网页)，单击"属性"面板中的"页面属性"按钮或执行"修改"→"页面属性"命令，将弹出"页面属性"对话框，单击"分类"列表框中的"链接"选项，如图 6-22 所示。

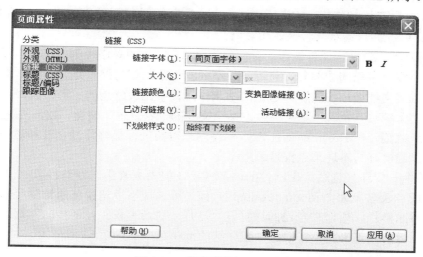

图 6-22   "页面属性"对话框

(2) 根据需要设置各个状态的链接颜色，再选择下划线样式为"始终无下划线"即可修改完成。

知识点拓展

1. 超链接的基本概念

(1) 超链接：超链接是网页中最为有趣的网页元素，在网页中单击链接对象，即可实现在不同页面之间的跳转或者访问其他网站，以及下载文件或发送 E-mail。网页是否能够实现如此多的功能，取决于超链接的规划。无论是文本还是图像都可以加上超链接标签，当鼠标指针移至超链接对象上时会变成小手形状，单击鼠标左键即可链接到相应地址(URL)的网页。在一个完整的网站中，至少要包括站内链接和站外链接。

(2) 链接目标：根据链接的目标，可以将链接分为内部链接和外部链接。

① 内部链接：链接目标在本站之内的就属于内部链接，即与网站内文件的链接。内部链接是站点内网页文件之间最常见的一种链接方式。

② 外部链接：链接目标在网站之外就属于外部链接，即与网站外文件的链接。在制作的网站上放置一些与网站主题有关的对外链接，不但可以把好的网站介绍给浏览者，而且能使浏览者愿意再度光临该网站。如果对外链接的信息很多，可以进行分类。

(3) 链接路径：链接路径是创建超链接时链接文件与被链接文件之间的路径。在网站中，链接路径通常有三种表示方式：绝对路径、相对路径和根路径。

① 绝对路径：绝对路径指的是完全的路径，主要有两种形式：一种是在链接中使用完整的 URL 地址，如 http://www.hnspi.edu.cn。当链接到其他网站中的文件时，必须使用这种形式的链接路径设置。这种形式的绝对路径只要目标文档的位置不发生改变，不论源文件存放在任何位置都可以精确的找到。另外一种形式是网站的内部链接，在设置内部链接时从磁盘根目录开始，一层一层地把文件的具体存放位置写出来，如设置的链接路径为：file://D:/root/index.htm，在浏览器中直接输入该地址就可以查看该页面。若以绝对路径设置内部链接，当网站的位置发生变化时，所有的链接将不能正常跳转。另外，如果在没有保存的网页中插入图片或添加链接，Dreamweaver CS5 会暂时使用绝对路径，保存该网页后，Dreamweaver CS5 会自动将其转换成相对路径。

② 相对路径。绝对路径是包含了文件的完全路径，而相对路径则省略了当前文档和被链接文档的绝对路径中相同的部分，只留下了不同的部分。相对路径是以当前文档所在的位置为起点到被链接文档经过的路径，这是网站制作过程中比较常用的一种方式，适合于网站的内部链接。使用相对路径时，如果网站中某个文件的位置发生了变化，Dreamweaver CS5 会提示自动更新链接。在 Dreamweaver CS5 中使用相对路径，最好将源文件和被链接的文件都保存在一个已经建好的本地站点根目录中。

③ 根路径。根路径也适用于网站的内部链接，但不太常用，根路径以"\"开始，然后是根目录中的目录名，如"\root\index.html"，但一般情况下不建议使用该路径形式。根路径只能由服务器来解释，所以在自己的计算机上打开一个带有根路径链接的网页，上面的所有链接都将是无效的。本书将不对根路径做详细的解释。

实践任务

任务 9 创建"首饰网站"的页面链接

任务目的：
掌握常用的创建超链接的方法。

任务内容：
创建第 4 章中的实践网站——"首饰网站"的页面链接。

任务指导：
1. 分析"首饰网站"导航栏文本与其他二级页面的关系。
2. 创建首页中导航栏文本的链接。
3. 创建二级页面中导航栏文本的链接。
4. 创建其他的链接。

(素材：光盘\ch6\素材\实践任务\)

本章小结

链接的制作是网站制作过程中必不可少的一项工作。本章通过一个具体的案例详细讲解了最常用到的链接的制作方法和操作技巧，同时对使用过程中应该注意的问题作了明确的说明，内容非常全面。希望读者通过本章的学习，能够熟练掌握超链接的知识与技能。

一、单选题

1. 在超链接中有一个 Alt 属性，即在"属性"面板中的"替代"文本框后输入的内容，其值的作用是(   )

      A．指定目标窗口   B．设置提示信息

      C．设置超链接文字   D．没什么用处

2. 通过页面属性可以修改链接的样式，下列哪些不能在页面属性里设置(   )

      A．链接的各状态颜色   B．链接的文字样式

      C．链接的下划线   D．链接文字的底纹样式

3. 关于图像热点超链接，下列说法中正确的有(   )

      A．在一幅图像上可以建立多个热点链接

      B．热点的位置一旦确定就不能再修改

      C．热点的形状只有图形和矩形

      D．热点的大小形状及位置都可以再次修改

4. 属性面板上的"目标"框中的 _blank 表示(   )

      A．将链接文件在上级框架集或包含该链接的窗口中打开

      B．将链接文件在新的窗口中打开

      C．将链接文件载入到相同框架或窗口中

      D．将链接文件载入到整个浏览器窗口中，将删除所有框架

二、填空题

1. 在超链接中有一个 Target 属性，该属性的作用是指定目标窗口，其中 Target 有 4 个值，分别是_____、_____、_____和_____。

2. 在制作网页时，很多时候需要在一张图片上设置多个超链接，在图片上设置多个超链接所用的是_____。

3. 路径一般分为_____、_____和_____三种，其中_____是在网站内部链接中经常使用的方式。

第 7 章　创建多媒体网页

技能目标:

✧ 掌握在网页中插入 Flash 按钮、图像。
✧ 掌握在网页中插入声音和背景音乐。
✧ 掌握在网页中插入视频。

知识目标:

✧ 了解 Flash 文件的类型。
✧ 了解音频文件的格式。

任务导入

　　网页中可以包含各种对象,而多媒体是最耀眼的部分。目前,多媒体在网页中的应用越来越广泛,任意打开一个网页,一般都可以发现多媒体元素的存在,如网页中的 Flash 动画、背景音乐、动态按钮、视频点播等。

任务案例 1

插入 Flash 动画

　　在网页中插入 Flash 动画,一般是按照网页设计的需要先使用 Flash 软件制作好动画,然后将其插入到网页中指定的位置。现有一个咖啡香网页已经基本制作完成,需要在网页主题图片上插入 Flash 动画,来体现咖啡飘香的效果,如图 7-1 所示。

图 7-1　咖啡香网页效果

(效果: 光盘\ch7\7.1\效果\咖啡香.html)　(素材: 光盘\ch7\7.1\素材\)

可以插入 Flash 动画作为独立的网页元素，也可以作为一种图片增强效果，放置在图片的上面。

操作步骤：

(1) 制作基础网页：根据素材创建咖啡香网页。首先用表格布局，然后在相应的单元格中插入或编辑文字图片等。需要注意的是，该网页中的咖啡图片应以单元格背景的方式存在，这样才能够在该单元格上再插入 Flash 动画。网页制作完成后的效果如图 7-2 所示。

图 7-2　初期网页效果

(2) 在网页中插入 Flash 动画：在步骤 1 中完成的网页基础上，将鼠标指针定位到咖啡图片所在单元格，执行“插入”→“媒体”→“SWF”命令，在弹出的“选择文件”对话框中选择光盘素材里面的“ch7\7.1\素材\images\1.swf”Flash 动画，此时可以看到 Flash 覆盖在图像背景上方，如图 7-3 所示。

(3) 在属性面板中，设置 Flash 的“宽度”“高度”“循环”“自动播放”和“品质”等属性；设置参数 Wmode 值为“透明”，实现 Flash 的透明背景的设置，如图 7-4 所示。设置完毕后，保存网页文档，按 F12 键预览。

小贴士

Dreamweaver CS5 中已没有图像查看器的功能，故此例任务是通过 CS3 版本的操作步骤完成。

图 7-3　插入的 Flash

图 7-4　设置 Flash 属性

任务案例 2

插入图像查看器

现有一个网页 flashpic1.html，其整体效果已经基本完成，但页面缺少一点动感效果，需要在网页右侧添加 Flash 图像切换效果，来动态显示网页的主题内容，效果如图 7-5 所示。

图 7-5　flashpic1.html 网页

(效果：光盘\ch7\7.2\效果\ flashpic.html)

(素材：光盘\ch7\7.2\素材\)

使用 Flash 图像查看器能够快速实现图像的切换效果，该功能在网页制作中被广泛使用。

操作步骤：

(1) 制作 flashpic1.html 网页或者直接用 Dreamweaver 打开"光盘\ch7\7.2\素材\flashpic1.html"网页，如图 7-6 所示。注意留出一个单元格用于插入图像查看器。

图 7-6   flashpic1.html 网页

(2) 将鼠标指针定位到预留的单元格处，执行"插入"→"媒体"→"图像查看器"命令，弹出"保存 Flash 元素"对话框，在对话框中设置保存的文件名和路径，如图 7-7 所示。

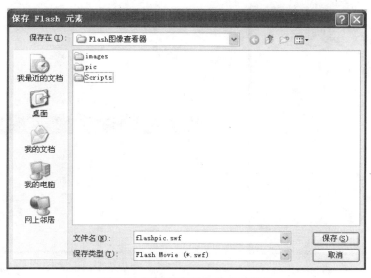

图 7-7   设置保存的文件名和路径

(3) 单击"保存"按钮，保存 Flash 元素并将图像查看器插入网页中，在属性面板中设置查看器的"宽"为"553"，"高"为"330"，如图 7-8 所示。

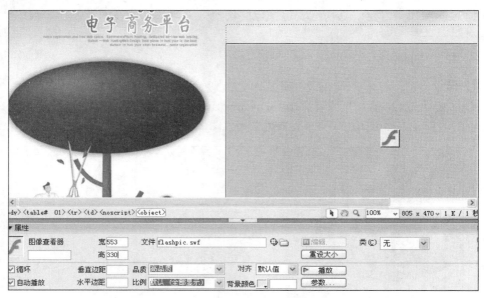

图 7-8　设置查看器的宽度和高度

（4）按 F9 键打开"Flash 元素"面板，设置边框属性。在 frameShow 设置框中选择"是"，显示查看器的外围边框；在 frameColor 设置框中输入"#53C6E3"，设置边颜色；在 frameThickness 设置框中输入"1"，设置边框线的宽度为 1 像素，如图 7-9 所示。

（5）选择"imageURLs"选项，单击右侧的"编辑数组值"按钮，打开"编辑'imageURLs'数组"对话框，如图 7-10 所示。

图 7-9　设置"Flash 元素"面板

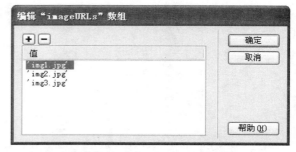

图 7-10　"编辑'imageURLs'数组"对话框

（6）选中"img1.jpg"选项，单击右侧的"确定"按钮，打开"选择文件"对话框，选中需要插入的图像文件，如图 7-11 所示。

图 7-11 "选择文件"对话框

（7）单击"确定"按钮，增加一个数组值，值为图像存放的位置。使用同样的方法，将需要展示的图片插入到"编辑'imageURLs'数组"对话框中，如果需要展示更多的图片，可以单击"+"按钮，然后用同样的方法进行添加，如图 7-12 所示。

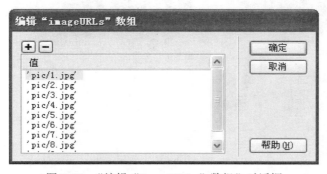

图 7-12 "编辑'imageURLs'数组"对话框

（8）在"Flash 元素"面板中，设置图片属性。在 slideAutoPlay 设置框中选择"是"，即设置成自动播放模式；在 slideDelay 设置框中输入"3"，即设置一幅图像的显示时间为 3s；在 slideLoop 设置框中选择"是"，设置循环播放；在 title 设置框中输入"FlashLook"，设置查看器的标题；在 transitions 设置框中选择"Fade"，设置图片交替更换效果为"Fade"，如图 7-13 所示。

图 7-13　设置"Flash 元素"面板

(9) 保存网页文档，按 F12 键预览效果，即可看到图像以幻灯片的形式循环播放，如图 7-14 所示。

图 7-14　预览效果

任务案例 3

嵌入音乐或声音播放器

现有一个网页 easyMusic.html 已经基本制作完成，但还需要在网页中嵌入一个音乐播放器，希望能够播放美妙的音乐，效果如图 7-15 所示。

图 7-15　插入音乐播放器后的网页效果

(效果：光盘\ch7\7.3\效果\easyMusic.html)

(素材：光盘\ch7\7.3\素材\)

任务解析

在网页中嵌入音乐或声音是制作多媒体网页的一个重要组成部分。插入音乐或声音可以让其显示播放器，也可以不显示。显示播放器可以是 Windows Media Player 风格，也可以是 RealPlayer 风格，或者其他风格。

任务实现

操作步骤：

(1) 制作网页：首先使用表格布局，然后插入图片素材即可。素材参见"光盘\ch7\7.3\素材\images"。需要注意的是，要预留准备插入音乐的单元格，如图 7-16 所示，或者直接打开"网页 easymusic-1.html"。

图 7-16　还未插入音乐播放器的网页效果

(2) 在表格第三行中间单元格定位插入点。执行"插入"→"媒体"→"插件"命令，打开"选择文件"对话框，选择"02-Life After You.mp3"文件，如图 7-17 所示。单击"确定"按钮，完成音乐的插入。

图 7-17　选择音乐文件

（3）插入音乐后，会显示 插件图标，选择该插件，设置音乐播放器的尺寸属性，即"宽"为"480"，"高"为"44"，然后根据实际显示效果继续调整数值，如图 7-18 所示。

图 7-18　设置属性宽和高

（4）保存网页文档，按 F12 键预览，如图 7-19 所示。

图 7-19　预览效果

（5）用上述方法插入音乐，然后切换到"代码"视图，可以看到使用的是<embed>标签，如图 7-20 所示，但是该标签是 Netscape 的一个非标准标签，现在该标签已被<object>标签所取代。

```
<td> </td>
<td align="center"><embed src="music/02 - Life After
You.mp3" width="480" height="44"></embed></td>
<td> </td>
```

图 7-20　<embed>标签

(6) 注意到，使用<embed>标签生成的播放器在不同的机器中显示可能不一致，可能是 RealPlayer 播放器，也可能是 Windows MediaPlayer 播放器，而使用<object>标签可以固定只使用一种播放器，删除<embed>标签及其内容，用以下代码替换：

```
<object
  classid="CLSID:6BF52A52-394A-11d3-B153-00C04F79FAA6"
  width="450" height="45" >
  <param name="type" value="audio/mpeg"/>
  <param name="URL" value="music/02-Life After You.mp3"/>
  <param name="uiMode" value="full"/>
  <param name="autoStart" value="true"/>
</object>
```

其中，第一行"classid=…."用于设置播放器的类型，该句选择的是 Windows MediaPlayer 播放器，如果使用 classid="clsid：CFCDAA03-8BE4-11cf-B84B-0020AFBBCCFA"，则使用的是 RealPlayer 播放器；第二句用于设置播放器的尺寸；第三句用于设置媒体类型；第四句设置媒体 URL；第五句设置播放器的界面和显示按钮的样式；第六句设置媒体是否自动播放。

任务案例 4

添加背景音乐

在本模块的任务 3 中，我们在网页中嵌入了一个音乐播放器，现在需要为一个网站首页添加背景音乐，即在网页中不显示播放器。

任务解析

添加背景音乐最重要的就是让播放器不显示。

任务实现

操作步骤：

(1) 启动 Dreamweaver 软件，再打开需要添加音乐的网页，切换到"代码"视图，在<body>，</body>标签之间定位一个插入点，输入代码<bgsound src="music/Tell Me Why.mp3" loop="1">，该语句确定了背景音乐的所在位置和循环播放。

(2) 设置完毕，保存网页文档，按 F12 键预览效果。

插入视频

需要制作一个名称为 easyVideo.html 的视频网页，并需要在该网页中嵌入一个 wmv 格式的视频，使网页更加完善，如图 7-21 所示。

图 7-21　easyVideo 视频网页效果

任务解析

在网页中嵌入视频的方法和嵌入音乐的方法基本相同，最主要的是插件属性的设置。

任务实现

操作提示：

与插入音乐的方法一样，执行"插入"→"媒体"→"插件"命令，即使用<embed>标签可以插入视频；同样，可以使用<object>标签来插入视频，只需要更改任务 3 中< object >标签内播放器的尺寸和 URL 属性值为插入的视频 URL 即可。

```
<object
  classid="CLSID:6BF52A52-394A-11d3-B153-00C04F79FAA6"
  width="450" height="350" >
  <param name="type" value="audio/mpeg"/>
  <param name="URL" value=" video/缘份.wmv"/>
  <param name="uiMode" value="full"/>
  <param name="autoStart" value="true"/>
</object>
```

知识点拓展

1. Flash 文件类型

Flash 在网页制作中具有广泛的应用，因此有必要了解一下 Flash 的文件类型。Flash 主要有 5 种文件类型，下面分别介绍。

(1) Flash 文件(.fla)：所有项目的源文件，在 Flash 程序中创建。此类型的文件只能在 Flash 中打开。可以现在 Flash 中打开此类 Flash 文件，然后将它导出为 SWF 或 SWT 文件以便在浏览器中使用。

(2) Flash SWF 文件(.swf)：Flash 文件的压缩版本，进行了优化以便在 Web 上查看。此类文件可以在浏览器中播放并且可以在 Dreamweaver 中进行预览，但不能在 Flash 中编辑。该类型文件是使用 Flash 按钮和 Flash 文本对象时创建的文件类型。

(3) Flash 模板文件(.swt)：这类文件使用户能够修改和替换 Flash SWF 文件中的信息。Flash 模板文件用于 Flash 按钮对象，使用户能够自己的文本或链接修改模板，以便创建要插入在用户的文档中的自定义 SWF。在 Dreamweaver 中，可以在 Dreamweaver/Configuration/Flash Object/Flash Buttons 和 Flash Text 文件夹中找到这类模板文件。

(4) Flash 元素文件(.swc)：一种 Flash SWF 文件，通过将此类文件合并到 Web 页，可以创建丰富的因特网的应用程序。Flash 元素有可自定义的参数，通过修改这些参数可以执行不同的应用程序功能。

Flash 视频文件格式(.flv)：一种视频文件，包含经过编码的音频和视频数据，用于通过 FlashPlayer 进行传送。例如，如果有 QuickTime 或 Windows Media 视频文件，可以使用编码器将视频文件转换为 FLV 文件。

2. 插入 Shockwave 影片

Shockwave 是网上用于交互式多媒体的一种标准，并且是一种压缩格式，似的在 Director 中创建的媒体文件能够被大多数常用浏览器快速下载和播放。可以使用 Dreamweaver 将 Shockwave 影片插入到文档中。

(1) 在"设计"窗口中，将插入点放置在要插入 Shockwave 影片的位置，然后执行以下操作之一。

① 在"插入"栏的"常用"类别中，单击"媒体"按钮，然后从弹出的菜单中选择 Shockwave 图标。

② 执行"插入记录"→"媒体"→Shockwave 命令。

(2) 在弹出的对话框中，选择一个影片文件。

(3) 在属性面板中的"宽"和"高"文本框中分别输入影片的宽度和高度。

3. 音频文件格式

可以向网页中添加声音，有多种不同类型的声音文件可供添加，如.wav/.midi/.mp3。在确定采用哪种格式的文件添加声音前，需要考虑以下一些因素：添加声音的目的、页面访问者、文件大小、声音品质和不同浏览器的差异。

浏览器不同，处理声音文件的方式也会有很大差异。最好先将声音文件添加到一个 Flash SWF 文件中，然后嵌入该 SWF 文件以改善一致性。

下面给出一些较为常见的音频文件格式以及每一种格式在 Web 设计中的一些优缺点。

① **.midi** 或**.mid**(Musical Instrument Digital Interface，乐器数字接口)：此格式用于器乐。许多浏览器都支持 MIDI 文件，并且不需要插件。尽管 MIDI 文件的声音品质非常好，但也要取决于访问者的声卡。另外，很小的 MIDI 文件就可以提供较长时间的声音剪辑。MIDI 文件不能进行录制，必须使用特殊的硬件和软件在计算机上合成。

② **.wav**(Wave Audio Files，波形扩展)：这类文件具有良好的声音品质，并且不需要插件，许多浏览器都支持此类格式的文件。可以通过 CD、磁带、麦克风等自己录制 WAV 文件。但是，这种方式对存储空间的需求太大，这严格限制了可以在用户的网页上使用的声音剪辑长度。

③ **.aif**(Audio Interchange File Format，音频交换文件格式)：也称为 AIFF 格式，与 WAV 格式类似，也具有较好的声音品质，大多数浏览器都可以播放它并且不需要插件；也可以从 CD、磁带、麦克风等录制 AIFF 文件。同样，由于其对存储空间的需求太大，严格限制了它可以在用户网页上使用的声音剪辑长度。

④ **.mp3**(Motion Picture Experts Group Audio Layer-3，运动图像专家组音频第 3 层，或称为 MPEG 音频第 3 层)：一种压缩格式，可以使声音文件明显缩小。其声音品质非常好，如果正确录制和压缩 MP3 文件，其音质甚至可以和 CD 相媲美。MP3 技术使用户可以对文件进行"流式处理"，使访问者不必等待整个文件下载完成即可收听该文件。但是，其文件大小要大于 Real Audio，因此通过典型的拨号(电话线)调制解调器连接下载整首歌曲可能仍要花比较长的时间。若要播放 MP3 文件，访问者必须下载并安装辅助应用程序或插件，如 QuickTime、Windows Medio Player 或 RealPlayer。

⑤ **.ra/.ram/.rpm** 或**.Real Audio**：此格式具有非常高的压缩度，文件大小要小于 MP3。全部歌曲文件可以在合理的时间范围内下载。因为你可以在普通的 Web 服务器上对这些文件进行流式处理，所以访问者在文件完全下载完之前就可以听到声音。访问者必须下载并安装 Real Player 辅助应用程序或插件才可以播放这种文件。

⑥ .qt/.qtm/.mov 或 QuickTime：此格式是由 Apple Computer 开发的音频和视频格式。Apple Macintosh 操作系统中包含了 QuickTime 格式，并且大多数使用音频、视频或动画的 Macintosh 应用程序都使用 QuickTime 格式。个人计算机也可播放 QuickTime 格式的文件，但是需要特殊的 QuickTime 驱动程序。QuickTime 支持大多数编码格式，如 Cinepak、JPEG 和 MPEG。

实践任务

插入 Flash 按钮、Flash 视频、音频文件

本章实践任务：在以下相关网页中按照要求插入 Flash 按钮、Flash 视频、音频文件。

(由于 Flash 按钮、Flash 图像查看器等部分功能在 CS5 版本中已经不存在，所以可以用 CS3 版本实现。)

任务目的：

1．掌握在网页中指定位置插入 Flash 按钮、Flash 视频。

2．掌握在网页中添加图像查看器。

3．掌握在网页中插入音频文件或背景音乐。

任务内容：

（1）现有网页 baby1.html，网页内容已基本制作完成，但还需要给网页添加 Flash 按钮来制作网页的导航栏，以及添加图像查看器来动态显示一组宝贝图片。最终效果如图 7-22 所示。

(a)

(b)

图 7-22　最终效果

(a) 网页中嵌入 Flash 按钮；(b)图像查看器。

(效果：光盘\ch7\7.6\7.6.1\效果\baby2.html、baby4.html)

(素材：光盘\ch7\7.6\7.6.1\素材\)

（2）现有网页 video1.html，网页内容已基本制作完成，但还需要在网页中嵌入 Flash 视频，即 flv 文件，从而使网页更加完善，完成效果如图 7-23 所示。

（3）现有网页"光盘\模块 5\素材\5.8\musicweb\musicweb1.html"，网页内容已基本制作完成，现需要给网页添加一个播放器，使整个网页变成一个在线播放的网页(歌曲曲目可以根据自己的爱好取向调整修改)，效果如图 7-24 所示。

图 7-23　插入 Flash 视频效果

(效果：光盘\ch7\7.6\7.6.1\效果\baby2.html、baby4.html)

(素材：光盘\ch7\7.6\7.6.1\素材\)

图 7-24　musicweb 网页效果

任务指导：

1．插入 Flash 按钮："插入"→"媒体"→"Flash 按钮"。(CS3 版本)

2．插入 Flash 视频："插入"→"媒体"→"FLV"命令的使用；插件属性的设置；<object>标签的使用。

3．插入播放器："插入"→"媒体"→"插件"命令；设置插件属性；<object>标签的使用。

本章小结

在网页中适当添加多媒体元素可以使网页更加生动、丰富，也更具有活力与吸引力。通过本章内容的学习，读者可以掌握在网页中插入 Flash 动画按钮、视频、音频和背景音乐等，可以开发创建多媒体网页。

知识点考核

单选题：

1. 下面关于使用视频数据流的说法中错误的是( )。

    A．浏览器在接收到第一个包的时候就开始播放

    B．动画可以使用数据流的方式进行传输

    C．音频可以使用数据流的方式进行传输

    D．文本不可以使用数据流的方式进行传输

2. 下面( )不在 Dreamweaver 中的资源管理器里。

    A．视频   B．交班   C．Shockwave   D．插件

3. Dreamweaver 的插入(Insert)菜单中，Flash 表示( )。

    A．插入一个 ActiveX 占位符

    B．打开可以输入或浏览的"插入 Applet"对话框

    C．打开"插入插件"对话框

    D．打开"插入 Flash 影片"对话框

第8章 创建表单网页

技能目标：

◇ 使学生掌握表单的创建和使用方法。

◇ 使学生掌握利用表单设计网页的方法。

◇ 掌握各种表单对象的使用和属性设置方法。

知识目标：

◇ 理解表单的特点及应用。

◇ 了解各种表单对象的应用。

任务导入

在网上浏览网页时，经常会遇到要求用户填写资料或者提供信息的页面，如用户注册、在线报名、在线调查、邮箱登录、用户留言及投票等，那么，这些网页中让用户填写信息的网页元素就是表单。本章将详细讲解表单的创建和使用方法，并通过"新会员注册"网页这一任务案例来讲解如何创建表单、设置表单对象。

任务案例

本章任务案例是使用"新会员注册"网页，效果如图 8-1 所示。

任务解析

"新会员注册"案例是一个页面，使用表格布局整个页面，设置表格属性，插入表单及各个表单对象即可完成。

流程设计

完成本章任务案例的流程设计：

①先分析"新会员注册"案例页面中由哪几部分组成；→②创建表单域；→③设计表单对象布局。(布局页面具体过程见第 4 章)；→④依次插入文本域、单选按钮、复选框、列表/菜单、文件域、按钮、跳转菜单、隐藏域。

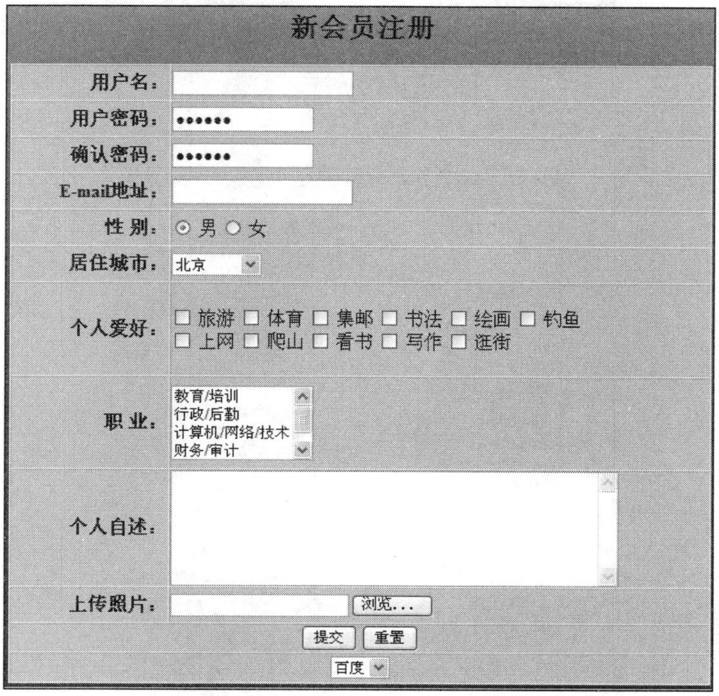

图 8-1　"新会员注册"网页

(效果：光盘\ch8\效果\任务案例\index.html)

(素材：光盘\ch8\素材\任务案例\)

任务实现

任务 1　创建表单域

小贴士

　　　　每个表单都是由一个表单域和若干个表单对象组成的，所有的表单对象只有放在表单域中才有效，因此在制作表单页面时，需要先创建表单域，然后在表单域添加各个表单对象。

插入表单域的步骤如下：

(1) 启动 Dreamweaver CS5，新建一个空白网页，保存并命名为 index.html。

(2) 将光标放在要插入表单的位置。

(3) 执行菜单"插入"→"表单"→"表单"命令，如图 8-2 所示；或单击"插入"面板中"表单"分类中的"表单"按钮，此时表单出现在编辑窗口中，如图 8-3 所示。

图 8-2　插入"表单"的菜单命令

图 8-3　插入表单域

（4）设置表单的属性。选中表单，打开属性面板，可以设置表单的属性。如图 8-4 所示。

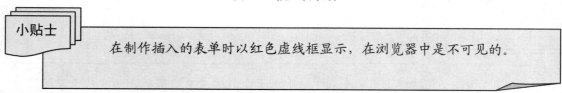

图 8-4　表单属性面板

"表单 ID"用来设置该表单的名称，该名称不能省略。

"动作"用来设置处理这个表单的服务器端脚本的路径。如果不希望被服务器的脚本处理，可以用 E-mail 的方式发送，如输入 mailto:ruanjian@163.com，就是表示把表单中的内容发送到 ruanjian@163.com 的电子邮箱中。

"方法"下拉列表中有三个选项:"默认""POST"和"GET",用来设置将表单数据发送到服务器的方法。如果选择"默认"或"GET",则将以 GET 方法发送表单数据,把表单数据附加到请求的 URL 中发送,但其内容不能超过 8192 个字符,适合发送信息量小的表单。如果选择"POST",则将以 POST 方法发送表单数据,把表单数据嵌入到 HTTP 请求中发送。理论上这种方式对表单的信息量不受限制,一般情况下选择此方法。

"目标"下拉列表框用来设置表单被处理后反馈网页的打开方式。

任务 2　插入文本域

在插入表单对象前,布局整个表单对象在表单域中的位置,本案例用表格布局,过程略。

在表单的文本域中,可以输入任何类型的文本、数字或字母。文本域中的内容可以单行显示,也可以多行显示,还可以用特殊符号的形式显示。

在表单域中插入文本域的操作步骤如下:

(1) 将光标定位在表单中要插入文本域的位置。(本案例中是"用户名:"右侧单元格)

(2) 执行菜单"插入"→"表单"→"文本域"命令,或单击"插入"面板中"表单"分类下的"文本字段"(见图 8-5),弹出"输入标签辅助功能属性"对话框,其中"标签"文本框用于输入文本域的标签,如图 8-6 所示。根据需要进行相应的设置后单击"确定"按钮,即可添加文本域。

(3) 选择添加的文本域,打开属性面板,设置文本域的属性,如图 8-7 所示。

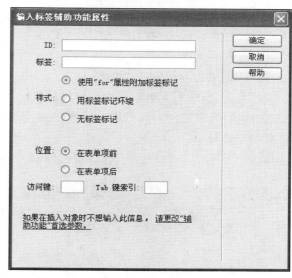

图 8-5　插入表单面板　　　　　图 8-6　"输入标签辅助功能属性"对话框

小贴士

　　　"样式"用于选择在 HTML 文件中输入显示标签的代码类型;"位置"栏用于设置标签的位置;"访问键"文本框用于设置访问该表单对象的快捷键;"Tab 键索引"用于设置按 Tab 键时的访问顺序。

图 8-7　文本域属性面板

"文本域"：下面的文本框用来设置所选文本框的名称。编写代码时才会用到。

"字符宽度"：用来设置文本框的宽度，可输入数值。例如：输入"6"，表示文本框能显示 6 个字节的字符，如图 8-8 所示。

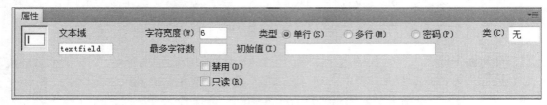

图 8-8　设置文本框宽度

"最多字符数"：设置文本框中可以输入的最多字符数，可以输入数值。如果输入的时候超过设置值，文本框只记录前面输入的。

"初始值"：浏览者没有在文本框中输入内容前，文本框中显示的初始文本，如不输入内容，文本字段默认显示为空白。

"禁用"：禁用文本域。

"只读"：使用文本域为只读文本域。

"类型"栏：选中不同的单选按钮可以在单行、多行和密码字段间进行转换。

① 选择"密码"类型后，则文本域换成密码域。在浏览器窗口中，访问者输入字符时，字符将自动以●显示。

② 选择"多行"类型后，则文本框转换成多行文本区域，属性面板改变，如图 8-9 所示。

图 8-9　多行文本域属性面板

"行数"用来设置所选文本域显示的行数，可输入数值，如输入"6"，可以显示 6 行文本。

"类"选择 CSS 样式。

同理，在"用户密码："和"确认密码："右侧的单元格中插入密码域，在"E-mail 地址："右侧的单元格中插入文本域，在"个人自述："右侧的单元格中插入文本区域。效果如图 8-10 所示。

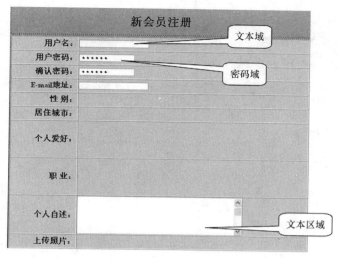

图 8-10　插入文本域、密码域和文本区域

任务 3　插入单选按钮

单选按钮作为一个组使用，具有唯一性，用户在单选按钮组内只能选择一个单选按钮，在选择了其中一个按钮后，再选择其他按钮时，则先选中的单选按钮将会被取消，单选按钮常用作性别、学历等的选择。

1. 插入单选按钮

插入单选按钮的具体步骤如下：

(1) 将光标定位在要添加单选按钮的位置。(本案例中是"性别："右侧单元格)

(2) 执行菜单"插入"→"表单"→"单选按钮"命令，弹出"输入标签辅助功能属性"对话框，在"标签"文本框中输入单选按钮的标签，如"男"，即可在光标位置插入单选按钮，如图 8-11 所示。

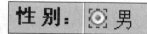

图 8-11　插入单选按钮

(3) 选中单选按钮，打开属性面板，可以设置单选按钮的属性，如图 8-12 所示。

图 8-12　单选按钮属性面板

"单选按钮"文本框用来设置选择单选按钮的名称。

"选定值"文本框用来设置选中单选按钮时发送给服务器的值。

"初始状态"用来设置这个单选按钮的初始状态，有两个选项："已勾选"和"未选中"。如果选择"已勾选"，则这个单选按钮初始处于选中状态。

按照前面的方法插入另一个单选按钮，标签文字设为"女"，如图 8-15 所示。

2. 插入单选按钮组

如果要添加的单选按钮较多，并且分为多个不同的组，则可以使用单选按钮组，一次性添加一组单选按钮。具体操作步骤如下。

(1) 将光标定位在要添加单选按钮组的位置。(本案例中是"性别:"右侧单元格)

(2) 执行菜单"插入"→"表单"→"单选按钮组"命令,弹出"单选按钮组"对话框,如图 8-13 所示,该对话框中各设置参数的作用如下:

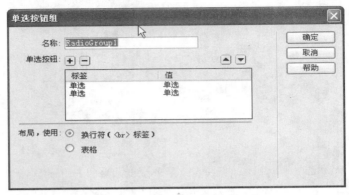

图 8-13 "单选按钮组"对话框

"名称"文本框用来设置单选按钮组的名称。

"单选按钮"栏单击"+"按钮可以添加一个新的单选按钮;单击"-"按钮可以删除选中的单选按钮;单击向上或者向下的箭头按钮,可以为单选按钮组所包含的单选按钮排序。

"单选按钮"列表框每一行代表一个单选按钮。其中"标签"列设置单选按钮的文字说明;"值"列用于设置传输到服务器的值。

"布局,使用"用来设置单选按钮的换行方式,如果选择"换行符",则单选按钮在网页中直接换行;如果选择"表格",则自动插入表格来设置单选按钮的换行。

图 8-14 添加的单选按钮组

(3) 设置后的对话框如图 8-13 所示,单击"确定"按钮即可将单选按钮组添加到表单中,如图 8-14 所示。

插入单选按钮的效果如图 8-15 所示。

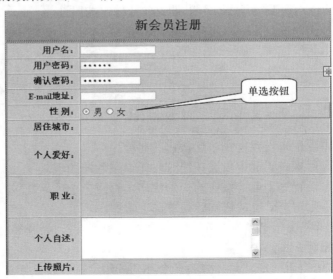

图 8-15 插入单选按钮的效果图

任务 4   插入复选框

复选框对每个选项单独响应"关闭"和"打开"状态切换，因此，用户可以从复选框中选择多个选项。

插入复选框的具体步骤如下。

(1) 将光标定位在要添加复选框的位置。(本案例中是"个人爱好:"右侧单元格)

(2) 执行菜单"插入"→"表单"→"复选框"命令，弹出"输入标签辅助功能属性"对话框，在"标签"文本框中输入复选框的标签，单击"确定"按钮即可插入复选框，如图 8-16 所示。

图 8-16   插入复选框

(3) 选中复选框，打开属性面板，可以设置复选框的属性，如图 8-17 所示。

图 8-17   复选框属性面板

"复选框名称"文本框用来设置所选复选框的名称。

"选定值"文本框用来设置选中单选按钮时发送给服务器的值。

"初始状态"用来设置这个复选框的初始状态，有两个选项:"已勾选"和"未选中"。如果选择"已勾选"，则这个复选框初始处于选中状态。

按照同样方法在每个复选项目前面插入一个复选框，效果如图 8-18 所示。

如果要插入复选框组，操作过程类似插入单选按钮组。

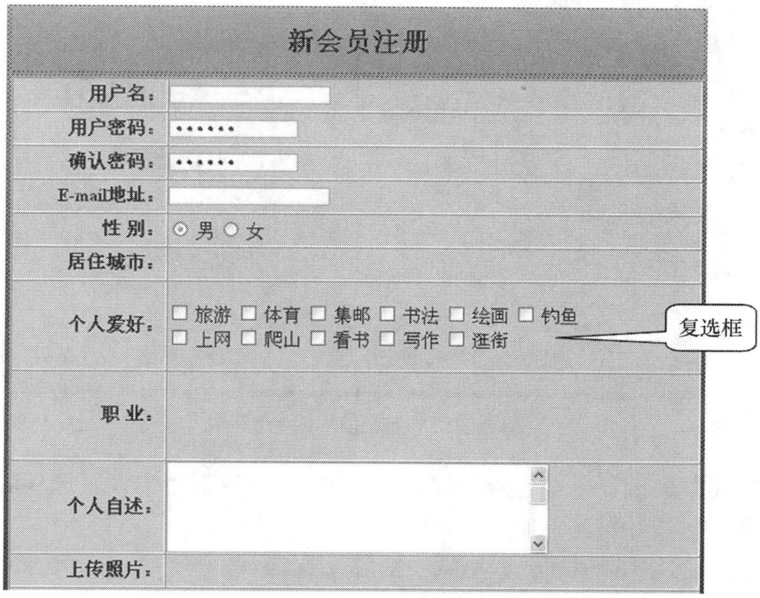

图 8-18   插入复选框效果

任务 5 插入列表/菜单

列表/菜单以列表或下拉框的形式为用户提供多个选项供选择。其中在列表中可以选择多个选项；而菜单只能选择其中一项。

1. 插入列表

插入列表的具体步骤如下。

(1) 将光标定位在要添加列表的位置。(本案例中是"个人爱好："右侧单元格)

(2) 执行菜单"插入"→"表单"→"选择(列表/菜单)"命令，即可在光标位置插入列表，如图 8-19 所示。

图 8-19 插入列表

(3) 选中列表，打开属性面板，可以设置列表的属性。在列表属性面板上"类型"后选择"列表"单选按钮，如图 8-20 所示。

图 8-20 列表属性面板

"选择"文本框用来设置所选列表的名称。

"高度"用来设置列表的高度。本案例中设置为"4"。

"允许多选"复选框如果被选中，则可以使用 Shift 键或 Ctrl 键来一次选择多个项目；如果取消选中该复选框，则该列表只允许被单选。

"初始化时选定"选框里可以选择列表在浏览器里显示的初始值。

"列表值"按钮可以输入或修改列表表单要素的各种项目，单击后打开如图 8-21 所示的对话框。

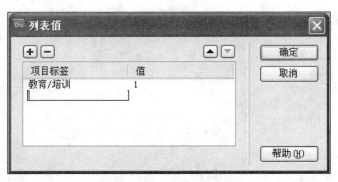

图 8-21 "列表值"对话框

"项目标签"列用来设置每个选项所显示的文本，"值"引用来设置选项的值。

"⊞"按钮，可以为列表添加一个新的选项。

"⊟"按钮，可以删除中间选框里选中的那个选项。

向上、向下箭头按钮，可以为列表中的选项排序。

在该对话框中可添加项目标签及相应的值。在列表框的"项目标签"栏中输入项目名称，单击 ⊞ 按钮添加下一条项目标签。重复操作直至完成整个项目标签的设置，最后单击"确定"按钮完成列表对象的添加，如图 8-22 所示。

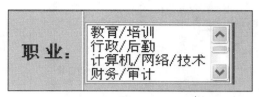

图 8-22 列表

2．插入菜单

插入菜单的具体步骤如下。

(1) 将光标定位在要添加菜单的位置。(本案例中是"居住城市："右侧单元格)

图 8-23 插入菜单

(2) 执行菜单"插入"→"表单"→"选择(列表/菜单)"命令，即可在光标位置插入列表，如图 8-23 所示。

(3) 选中菜单，打开属性面板，可以设置菜单的属性。在列表属性面板上"类型"后选择"菜单"单选按钮，如图 8-24 所示。

图 8-24 菜单属性面板

"选择"文本框用来设置所选菜单的名称。

"初始化时选定"选框里可以选择列表在浏览器里显示的初始值。

"列表值"按钮可以输入或修改菜单表单要素的各种项目，单击后打开图 8-25 所示的对话框。

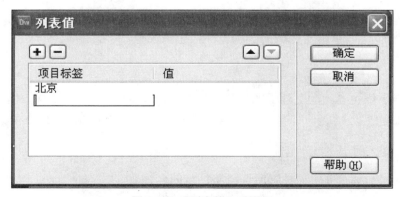

图 8-25 "列表值"对话框

"项目标签"列用来设置每个选项所显示的文本,"值"列设置选项的值。

"⊞"按钮,可以为列表添加一个新的选项。

"⊟"按钮,可以删除中间选框里选中的那个选项。

⊞、⊟箭头按钮,可以为菜单选项排序。

在该对话框中可添加项目标签及相应的值。在菜单框的"项目标签"列中输入项目名称,单击⊞按钮添加下一条项目标签。重复操作直至完成整个项目标签的设置,最后单击"确定"按钮完成菜单对象的添加,如图 8-26 所示。

完成插入列表/菜单后的案例如图 8-27 所示。

图 8-26　菜单

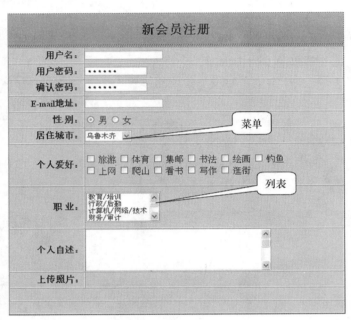

图 8-27　插入列表/菜单

任务 6　插入文件域

文件域可使访问者浏览到本地计算机上的某个文件,以实现上传文件的功能。

文件域由一个文本框和一个"浏览"按钮组成。访问者可以在文件域的文本框中输入一个文件的路径,也可以单击文件域的"浏览"按钮来选择一个文件,当访问者提交表单时,这个文件被上传。

插入文件域的具体步骤如下。

(1) 将光标定位在要添加文件域的位置。(本案例中是"上传照片:"右侧单元格)

(2) 执行菜单"插入"→"表单"→"文件域"命令,即可在光标位置插入文件域,如图 8-28 所示。

(3) 选中文件域,打开属性面板,可以设置文件域的属性,如图 8-29 所示。

"文件域名称"文本框用来设置所选择文件域的名称。

"字符宽度"文本框用来设置文件域里文本框的宽度。

"最多字符数"文本框用来设置文件域里文本框可输入的字符的最多数量。

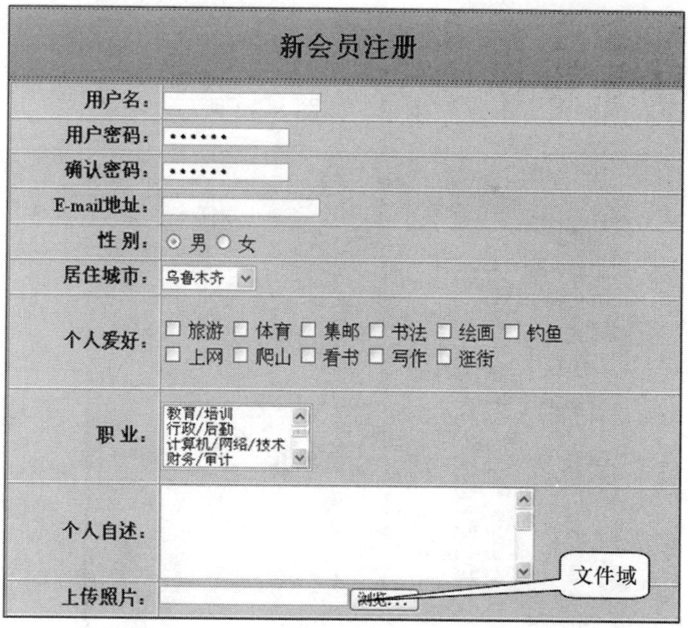

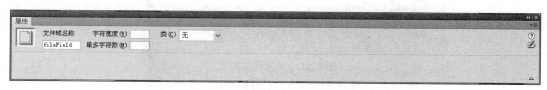

图 8-28　插入文件域

图 8-29　文件域属性面板

任务 7　插入按钮

按钮的作用是在用户单击后，执行一定的任务，常见的有提交表单、重置表单等。

插入按钮的步骤如下。

(1) 将光标定位在表单中要添加按钮的位置。(本案例中是"上传照片："下面单元格)

(2) 执行菜单"插入"→"表单"→"按钮"命令，即可在光标所在位置的表单中添加按钮，其中默认添加"提交"按钮，如图 8-30 所示。

(3) 选中按钮，打开属性面板，可以设置按钮的属性，如图 8-31 所示。

图 8-30　插入按钮

图 8-31　按钮属性面板

"按钮名称"文本框用来设置所选按钮的名称。

"值"文本框用于设置按钮上显示的内容。

"动作"栏:"提交表单",单击该按钮可提交表单;"无"表示需手动添加脚本才能执行相应的操作,否则单击无回应;"重设表单"表示单击按钮可将表单中的内容恢复到默认状态。

在"提交"按钮右侧插入"重置"按钮,如图 8-32 所示。

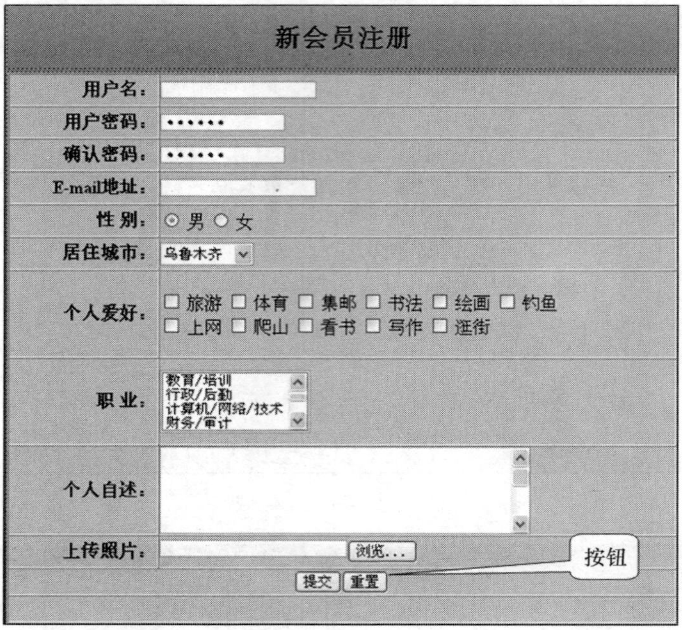

图 8-32 插入按钮效果

任务 8 插入跳转菜单

"跳转菜单"是一种特殊的菜单,其每个选项都与一个超链接相对应。使用跳转菜单可以创建 Web 站点内文档的链接、其他 Web 站点上文档的链接、电子邮件链接以及图形链接等。

插入跳转菜单的具体操作如下。

(1) 将光标定位在表单中要添加跳转菜单的位置。

(2) 执行"插入"→"表单"→"跳转菜单"命令,弹出"插入跳转菜单"对话框,如图 8-33 所示。

"文本"文本框用于输入菜单项的名称。

"选择时,转到 URL"文本框用于输入当前菜单项所对应的超链接地址。

"打开 URL 于"下拉列表框中选择打开链接的方式。

"菜单 ID"文本框用于输入当前菜单项的名称。

如果选中"菜单之后插入前往按钮"复选框,则在跳转菜单旁边插入"前往"按钮。访问者单击"前往"按钮,将打开跳转菜单中当前选中菜单对应的超链接。

如果选中"更改 URL 后选择第一个项目"复选框,在跳转菜单中单击菜单移动到链接网页,跳转菜单上也依然显示指定为基本项目的菜单。

(3) 单击 ➕ 按钮添加一个菜单项,用同样方法设置其他菜单项。

(4) 单击"确定"按钮关闭对话框,即可在页面中添加一个跳转菜单如图 8-34 所示。

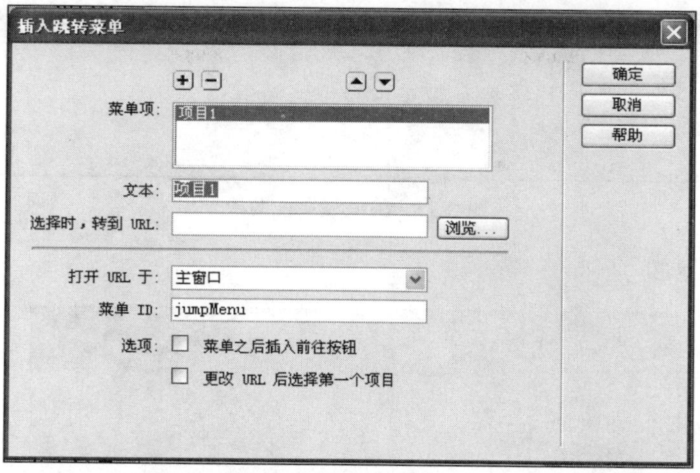

图 8-33 "插入跳转菜单"对话框

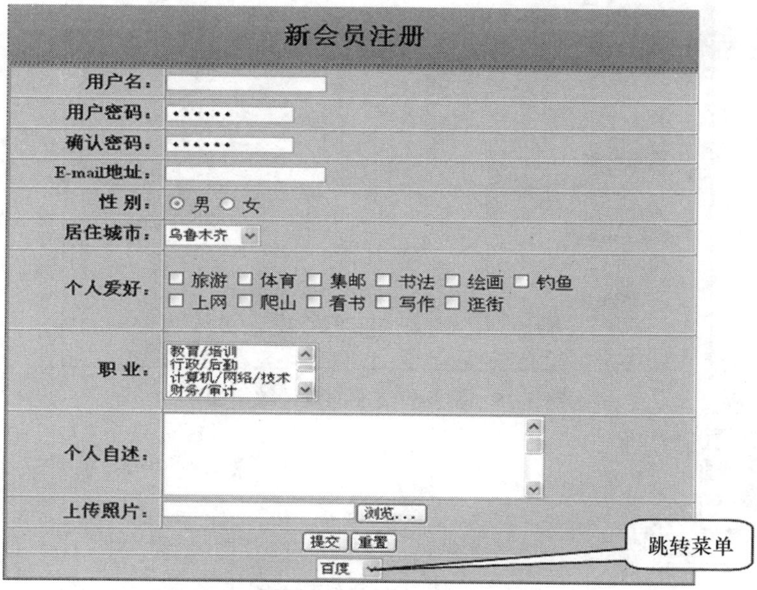

图 8-34 插入跳转菜单

任务 9 插入隐藏域

隐藏域可以用于存储需要向服务器提交而又不在页面中显示的信息，如保存一些状态信息，当用户下一次访问该网页时，自动对上一次访问的状态进行显示。

插入隐藏域的具体步骤如下：

(1) 将光标定位在表单中要添加隐藏域的位置。(本案例中是"跳转菜单"右侧)

(2) 执行"插入"→"表单"→"隐藏域"命令即可在插入点处添加隐藏域，它显示为 。
选中隐藏域，打开属性面板，设置隐藏域的属性，如图 8-35 所示。

"隐藏区域"文本框用于设置所选隐藏域的名称。

"值"文本框用于设置隐藏域的值。

图 8-35　隐藏域属性面板

设计效果如图 8-36 所示。

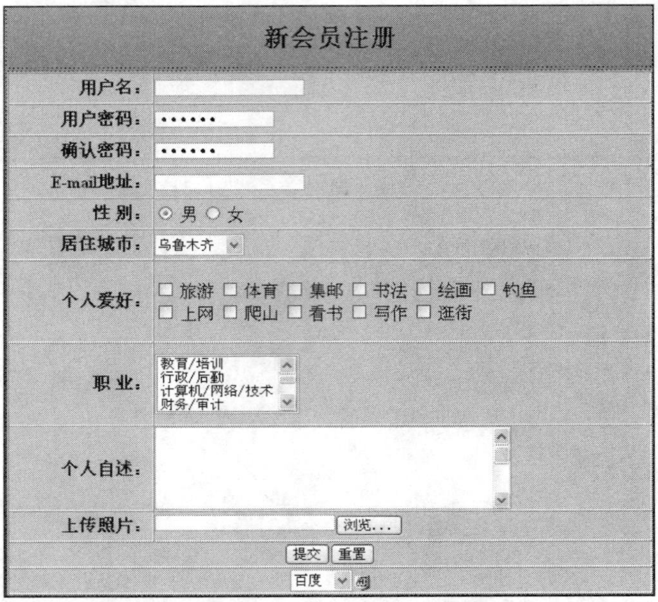

图 8-36　新会员注册的设计效果图

知识点拓展

表单基础知识

表单通常由文本域、单选按钮、复选框及文件域等多种表单对象组成，如图 8-1 所示。通过表单可以将用户填写的内容上传到服务器中，服务器端的应用程序或者脚本对这些信息进行处理，再通过请求信息发送给用户。用来处理信息的脚本或程序一般有 ASP、JSP、PHP 和 CGI。一个表单中包含若干个表单对象，即控件。

如一个新用户注册页面，当用户将信息输入表单并提交时，就可以将输入的用户名上传到服务器，网页服务器就会判断是否存在这个用户，根据用户名唯一的标准判断是否能注册。

实践任务

任务 10　制作"海南省高校毕业生就业报名表"网页

根据本章任务案例"新会员注册"网页的制作，我们应该了解和掌握了创建表单和创建表单对象的方法，现通过实践任务"海南省高校毕业生就业报名表"的实例操作。页面的最终效果如图 8-37 所示。

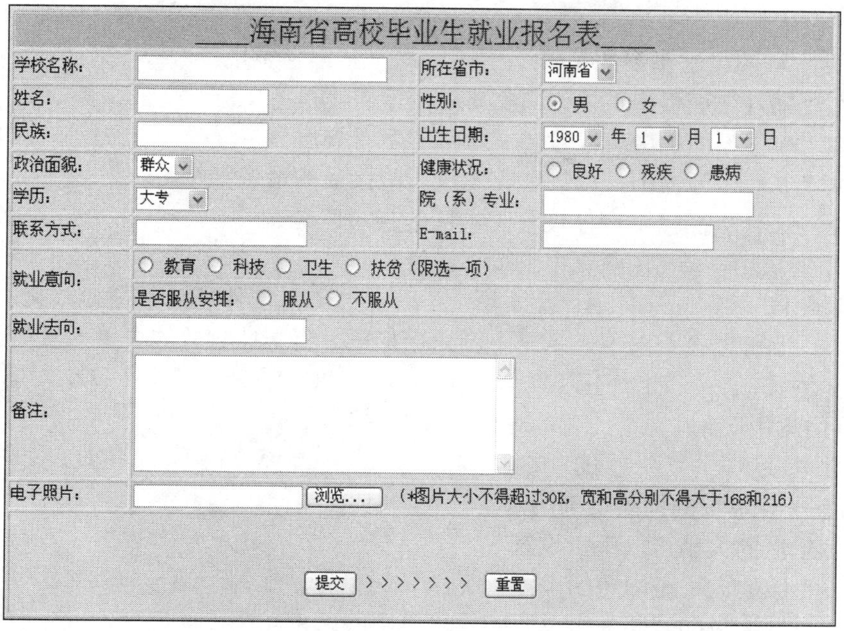

图 8-37 就业报名表

(效果：光盘:\ch8\效果\实践任务\index.html)

(素材：光盘:\ch8\素材\实践任务\)

任务目的：

1. 掌握使用表单创建网页的基本方法。
2. 进一步熟练掌握表单网页的创建和应用方法。

任务内容：

设计制作"海南省高校毕业生就业报名表"网页，网页由表单域和各个表单对象组成。

任务指导：

1. 分析"海南省高校毕业生就业报名表"网页的结构，创建表单网页。
2. 在新建页面中插入表单域。
3. 在表单域中插入两行一列表格，并设置表格的属性及单元格的属性
4. 插入各个表单对象。
5. 保存预览。

本章小结

本章通过"新会员注册"任务案例主要介绍了表单和表单对象的基础知识和基本操作：表单的基本应用，表单的创建，表单对象(如文本域、单选按钮、复选框、列表/菜单、文件域、按钮、跳转菜单、隐藏域等)的创建和使用方法。

表单页面是设计与功能的结合，一方面要与后台程序很好地结合起来(本章中没有讲)，另一方面要设计的相对美观，应该掌握表单元素的正确插入和设置方法。

选择题

1. 关于文本域的说法错误的是(   )。

    A．在"属性"面板中可以设置文本域的字符宽度

    B．在"属性"面板中可以设置文本域的字符高度

    C．在"属性"面板中可以设置文本域所能接受的最多字符数

    D．在"属性"面板中可以设置文本域的初始值

2. 在表单对象中，(   )在网页中一般不显现。

    A．隐藏域   B．文本域   C．文件域   D．文本区域

3. 使用(   )可以在页面中显示一个圆角矩形框，将一些相关的表单元素放在一起。

    A．文本域   B．表单   C．文本区域   D．字段集

4. 下面不能用于输入文本的表单对象是(   )。

    A．文本域   B．文本区域   C．密码域   D．文件域

5. 下面关于表单域的描述正确的是(   )。

    A．表单域的大小可以手工设置

    B．表单域的大小是固定的

    C．表单域会自动调整大小以容纳表单域中的元素

    D．表单域的红色边框线会显示在页面上

第9章 CSS 样式应用

技能目标：

✧ 使学生能够利用 CSS 美化网页文本、图像等页面元素。

知识目标：

✧ 掌握 CSS 的建立、编辑和应用的方法。
✧ 掌握利用 CSS 美化网页的方法。

任务导入

在设计网页时，常常需要对网页中各种元素的属性进行设置。一般来说，在同一个网站的所有页面中，相同类型的网页元素具有相同的属性，如正文的字体、大小和字体颜色，所有图片的边框粗细和颜色等都是一样的。如果对每个元素单独进行设置会做大量的重复工作，当需要修改时，也要单独进行修改，这样很容易出错。

使用 CSS 样式表就能解决出现的这个问题，在定义一个 CSS 样式后，就可以把它应用到不同的网页元素中，应用该 CSS 样式的网页就会具有相同的属性，在修改 CSS 样式时，所有应用到此 CSS 样式的网页元素属性就会随之被修改。

任务案例

本章任务案例 9-1 是使用 "美食文化" 网页，效果如图 9-1 所示。

图 9-1 "美食文化"网页

(效果：光盘\ch9\效果\任务案例\9.1\index.html)

(素材：光盘\ch5\素材\任务案例\9.1)

本章任务案例 9-2 是使用 "课件吧" 网页，效果如图 9-2 所示。

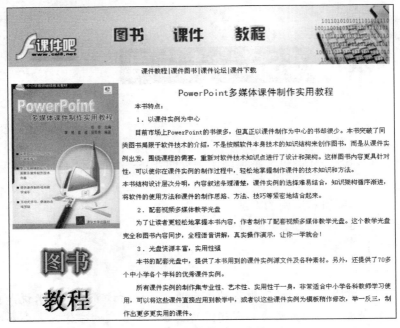

图 9-2 "课件吧" 网页

(效果：光盘\ch9\效果\任务案例\9.2\index.html)

(素材：光盘\ch9\素材\任务案例\9.2)

案例中设置超链接的文本用统一风格的样式，网页中的文本统一风格，页面在不同的浏览器下能保持页面的整体布局和相同的文字大小，可以使用 CSS 样式表来定义页面的文字格式、背景样式和链接的样式，可以创建样式表，在格式设置相同的文本上套用，也可以创建外部样式表，根据需要附加外部样式表，在浏览页面时可以避免样式的重复加载。

流程设计

完成本章任务案例的流程设计：

①先分析案例中各页面的哪些元素具有相同的格式设置，分类出来；→②按照分类建立 CSS 样式，分别进行应用；→③特殊 CSS 样式的应用实例(滤镜的使用)。

任务实现

任务 1　新建 CSS 样式

1. 定义 CSS 类样式

操作步骤：

(1) 打开案例 9-1 初始网页 index-1.htm(源文件位置：光盘:\ch9\素材\任务案例\9.1\index-1.html)，执行"窗口"→"CSS 样式"菜单命令，打开"CSS 样式"面板，如图 9-3 所示。

图 9-3 "CSS 样式"面板

(2) 单击面板右下角的"新建 CSS"按钮，打开"新建 CSS 规则"对话框，如图 9-4 所示。

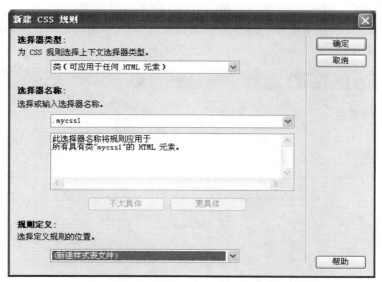

图 9-4 "新建 CSS 规则"对话框

(3) 在"选择器类型"中选择 "类"选项，在"选择器名称"后的下拉列表框中输入这个自定义样式的名称，命名必须以符号"."开头，如".mycss1"，如不输入，系统自动添加。

(4) 在"规则定义"下拉列表中选择"新建样式表"选项，单击"确定"按钮，在弹出的"将样式表文件另存为"对话框中，输入样式表文件名称，如 my.css，如图 9-5 所示。

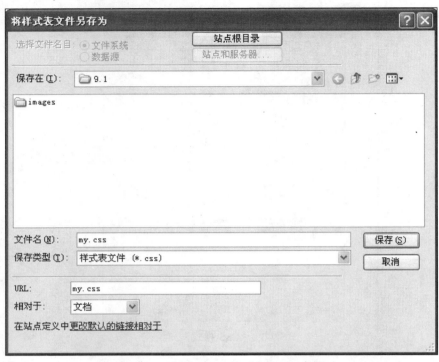

图 9-5　"将样式表文件另存为"对话框

(5) 单击"保存"按钮，弹出".mycss1 的 CSS 规则定义"对话框，可以看到很多分类属性，不同的分类属性对应不同的页面元素，本案例设置"类型"选项，将字体大小设置为 10pt，颜色设置为"#000"，单击"确定"按钮，如图 9-6 所示。

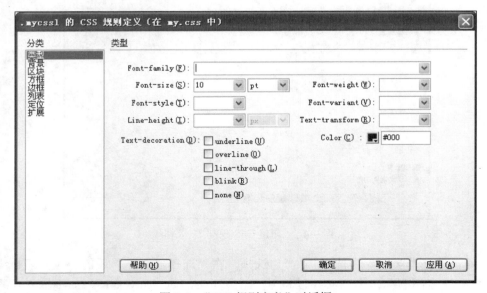

图 9-6　"CSS 规则定义"对话框

(6) 简单的 CSS 样式表建好，在样式表面板中可以看到新建的样式，如图 9-7 所示。

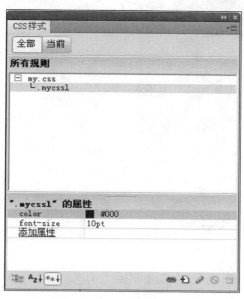

图 9-7　建立好的样式

(7) 选择要应用该样式的文本内容，右击该样式，在弹出的菜单中选择"套用"选项，该样式即被用于选定文本。如图 9-8 所示。

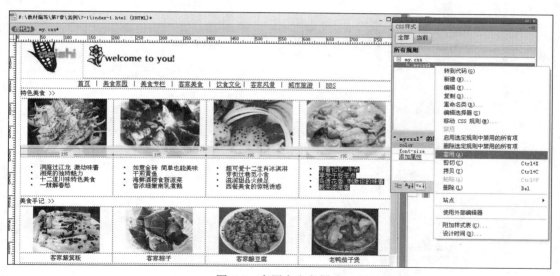

图 9-8　套用自定义样式

采用同样的方法套用要设置相同格式的文本。预览效果如图 9-9 所示。

2．更改链接样式

一般情况下，系统提供的默认链接样式不能满足设计者的要求，需要对链接的样式进行修改，方法如下：

(1)打开案例 9-1 初始网页 index-1.htm(源文件位置：光盘 :\ch9\素材\任务案例 \9.1\index-1.html)。

图 9-9 套用 CSS 样式效果

(2) 打开"新建 CSS 规则"对话框，在"选择器类型"中选择 "复合内容"选项，在"选择器名称"下拉列表框中选择"a:link"标签，并选择定义规则的位置为"仅限该文档"，如图 9-10 所示。

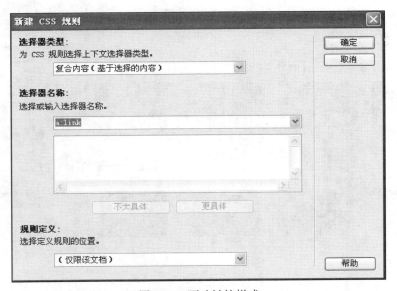

图 9-10 更改链接样式

（3）单击"确定"按钮，打开"a:link 的 CSS 规则定义"对话框。在"类型"选项卡中，定义字体大小为"10pt"，颜色设置为"黑色"，修饰选择"无"，单击"确定"按钮返回，如图 9-11 所示。

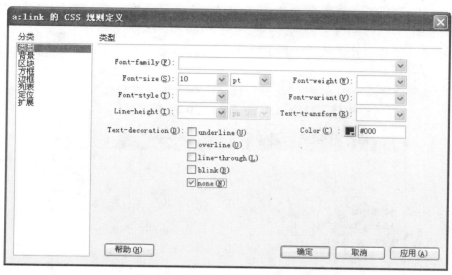

图 9-11　定义文本链接的一般状态

（4）可以看到在"CSS 样式"面板中增加了"a:link"的样式。并且连接自动套用了"a:link"所定义的样式。

按照同样的方法定义 a:visited、a:hover 和 a:active 三种链接状态的样式，效果如图 9-12 所示。

图 9-12　链接样式应用效果

3. 修改 HTML 标签样式

在 Dreamweaver CS5 中有许多系统标签，如<table>、<td>、<p>等。为了美化网页，有时候需要自己定义这些标签的样式，本书中以重新定义<p>的样式为例，操作步骤如下。

(1) 打开案例 9-2 初始网页 index-1.html,（源文件位置：光盘:\ch9\素材\任务案例\9.2\index-1.html），并显示出 CSS 样式面板。

(2) 在 CSS 样式面板中右击，在弹出的菜单中选择"新建"选项，打开"新建 CSS 规则"对话框。

(3) 在"选择器类型"中选择 "标签"选项，在"选择器名称"下拉列表框中选择"p"标签，选择定义规则的位置为"仅限该文档"，如图 9-13 所示。

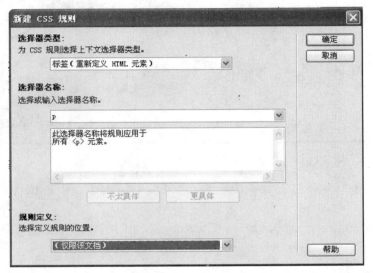

图 9-13　定义标签样式

(4) 单击"确定"按钮，打开"p 的 CSS 规则定义"对话框。

(5) 在"类型"选项卡中，定义字体为"黑体"、大小为"10pt",定义行高为"10pt",颜色设置为"黑色",修饰选择"none",如图 9-14 所示。

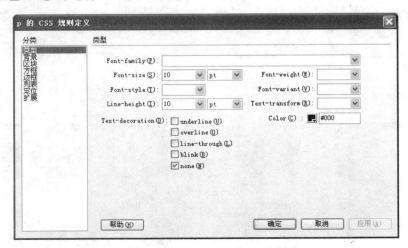

图 9-14　设置段落标签"p"的样式

(6) 单击"确定"按钮，在"CSS 样式"面板中就可以看到该样式，段落文本会自动套用该样式，如图 9-15 所示。

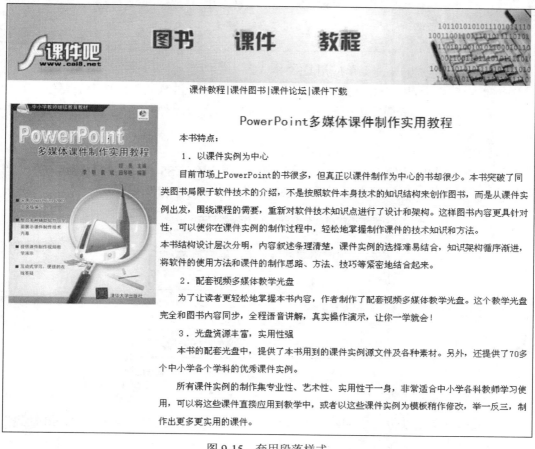

图 9-15　套用段落样式

任务 2　应用 CSS 样式

1. 链接内部样式

设置好 CSS 样式后，标签和复合内容的样式会自动应用到相应的 HTML 标签和内容上，类需要手动将其应用到要使用的网页，有以下 3 种方法。

(1) 使用网页元素的快捷菜单应用 CSS 样式。

打开案例 9-2 初始网页 index-1.html，在要应用 CSS 样式的网页元素上右击，在弹出的快捷菜单中选择"CSS 样式"子菜单中的相应命令即可，如图 9-16 所示。

图 9-16　使用网页元素的快捷菜单应用 CSS 样式

若选择"无"选项，可以取消 CSS 样式的应用；若选择"新建"选项，可以新建 CSS 样式；若选择"附加样式表"选项，可以链接外部 CSS 文件。

(2) 使用 CSS 样式的快捷菜单应用 CSS 样式。

在页面中选择要应用 CSS 样式的网页元素，然后在"CSS 样式"面板中需要使用的 CSS 样式上右击，在弹出的快捷菜单中选择"套用"命令即可，此种方法在"新建类样式"中已描述。

(3) 使用网页元素的属性面板应用 CSS 样式。

在页面中(案例 9-2 初始网页 index-1.html)选择要应用的 CSS 样式的网页元素，在其"属性"面板的"类"下拉列表框中选择需要的选项即可，如图 9-17 所示。

图 9-17   使用网页元素的"属性"面板应用 CSS 样式

2．链接外部样式

(1) 打开网页文档(案例 9-2 初始网页 index-1.html)，执行菜单"窗口"→"CSS 样式"命令，打开"CSS 样式"面板。

(2) 单击"CSS 样式"面板中的"附加样式表"按钮，打开"链接外部样式表"对话框，如图 9-18 所示。

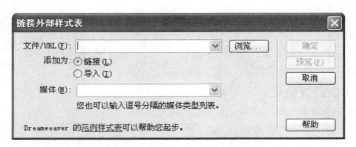

图 9-18   "链接外部样式表"对话框

(3) 单击"浏览"按钮，打开"选择样式表文件"对话框，选定要应用的 CSS 样式表文件，单击"确定"按钮，如图 9-19 所示。

(4) 返回"链接外部样式表"对话框，单击"确定"按钮，样式表文件即被应用到当前文档中，如图 9-20 所示。

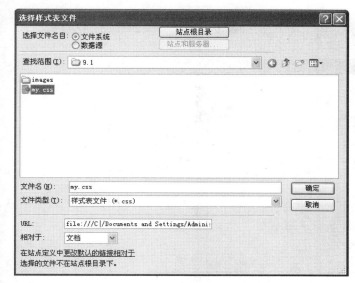

图 9-19 "选择样式表文件"对话框

图 9-20 链接到文档中的 CSS 样式表文件

任务 3 CSS 滤镜

使用图像处理软件可以对图像进行反转、模糊、羽化的处理，在 Dreamweaver CS5 中要想实现这些效果，可以使用 CSS 样式中的滤镜。下面简单介绍一下滤镜的使用。

1. 制作光晕字

(1) 打开网页文档(案例 9-2 初始网页 index-1.html)，在左侧图片下面的位置插入一个 1 行 1 列的表格，边框设置为 0，然后在其中输入需要修饰的文字"图书"。

(2) 单击"新建 CSS 样式"按钮，弹出"新建 CSS 规则"对话框，选择器类型选择"类(可应用于任何 HTML 元素)"，输入样式名称为".gy"，定义规则的位置选择"仅限该文档"，如图 9-21 所示。

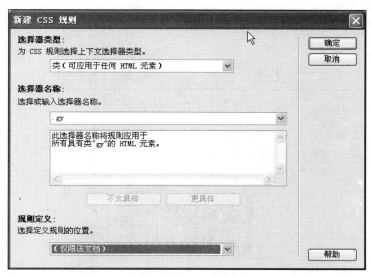

图 9-21 新建"CSS 样式"

(3) 单击"确定"按钮，弹出".gy 的 CSS 规则定义"对话框，在"类型"分类中定义字体为华文中宋，颜色为"#CCCCCC"，如图 9-22 所示。

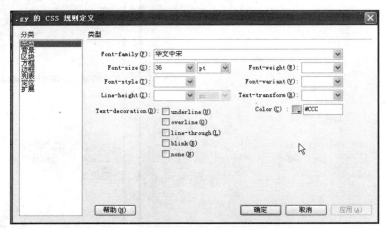

图 9-22　定义 CSS 样式

(4) 单击分类列表中的"扩展"选项，在"滤镜"下拉列表中选择"Glow(Color=?，Strength=?)"，里面有两个参数：Color 决定光晕的颜色，可以用如 ffffff 的十六进制代码表示，也可以用 Red、Yellow 等单词表示；Strength 表示发光强度，范围从 0～255。本例中设置颜色为蓝色(Blue)，发光强度为 10。单击"确定"按钮，如图 9-23 所示。

图 9-23　设置 Glow 滤镜

(5) 选择新插入的 1 行 1 列的表格，将 CSS 样式应用于该表格。
(6) 保存文件，按下快捷键"F12"，效果如图 9-24 所示。

图 9-24　光晕字效果

2. 制作阴影文字

在 CSS 样式中重新选择一种过滤器制作阴影效果，有两种 CSS 滤镜能够使文字产生阴影效果，分别是 DropShadow 和 Shadow。

小贴士

DropShadow 滤镜的语法格式为：DropShadow(Color=?,Offx=?, OffY=?,Positive=?)，功能是在指定的方向和位置上产生阴影。其中，color 表示投射阴影的颜色；Offx 和 OffY 分别代表阴影偏离文字的位置的量，单位为像素；Positive 为一个逻辑值，1 代表为所有不透明元素建立阴影，0 代表为所有透明元素建立可见阴影。

小贴士

Shadow 滤镜的语法格式为：Shadow(Color=?,Direction=?)，功能是沿对象边缘产生阴影。其中，Color 参数用来指定投影的颜色；Direction 参数用来指定投影的方向。

(1) 若把过滤器设置为 DropShadow(Color=#cccccc，OffX=3，Positive=1)，如图 9-25 所示，则产生的效果如图 9-26 所示。

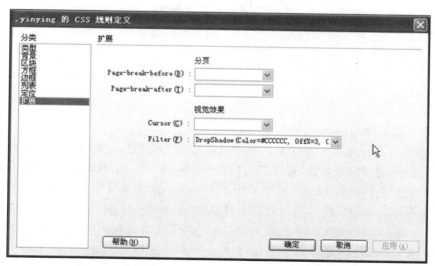

图 9-25　定义 DropShadow 滤镜

图 9-26　阴影字效果

(2) 若把过滤器设置为 Shadow(Color=#cccccc，Direction=45)，如图 9-27 所示，则产生的效果如图 9-28 所示。

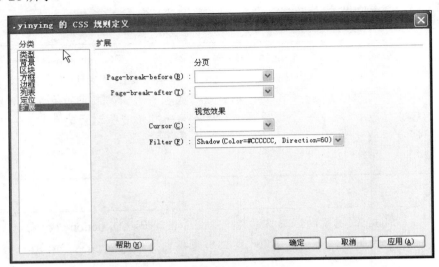

图 9-27　定义 DropShadow 滤镜

图 9-28　阴影字效果

 知识点拓展

1. CSS 样式基础知识

HTML 语言一直以来有一个缺陷，那就是将显示的效果描述与文件结构混合在一起。不同浏览器之间的不兼容性是导致这一缺陷存在的根源。但是，XML 语言却做到了显示效果描述与文件结构的分离，这样对于显示效果相同的页面，制作者只需要设定一种统一的显示效果，所有页面都可以调用这种效果。为了让 HTML 适应这一形势的新规范，W3C(World Wide Web Consortium)标准化组织就开始为 HTML 定制样式表机制，也就是今天我们所熟悉的 CSS(cascading style sheets，层叠样式表)。它是一系列格式设置的规则，用来控制网页内容的各种风格。并且在 1996 年推出了 CSS1，1998 年推出了 CSS2。

小贴士

　　在制作复杂的网页时，页面比较复杂又要使一些元素都具有相同的格式，通常使用 CSS 样式来创建保持统一格式的网页。

2. 编辑 CSS 样式

一个样式表建立好后，如果需要更改网页的样式，只要更改这个样式表所涉及的网页元素就会自动更新了，本任务讲述如何编辑 CSS 样式表。

在进行编辑之前，先了解 CSS 样式的八个分类。

1) 类型样式

在"CSS 规则定义"对话框中，打开"类型"面板，如图 9-29 所示，根据需要设置样式属性。"类型"设置包括设置字体属性和文本属性，如设置文本的字体、大小、样式、行高、颜色、是否有特殊的格式等。

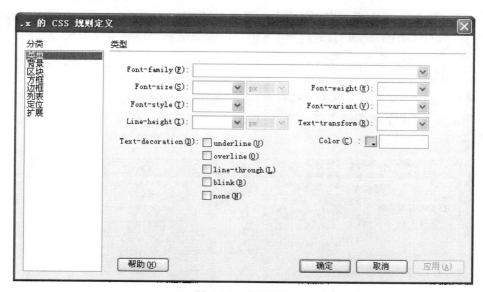

图 9-29　类型设置

属性设置：

(1) Font-family(字体)：为样式设置字体的类型。可以从下拉列表框中设置字体，若下拉列表框中没有所需字体，可以使用选择"编辑字体列表"添加所需要的字体。

(2) Font-size(字号)：定义文本字体的大小。可以通过下拉列表选择"数字"和"度量单位"设定字体的绝对大小，如像素(px)、点数(pt)、英寸(in)、厘米(cm)等；也可以通过选择"small(小)""medium(中)"和"large(大)"等设置字体的相对大小。

(3) Font-style(文字样式)：指定字体的特殊样式。可以通过下拉列表选择"normal(正常)""italic(斜体)"或"Oblique(偏斜体)"三种中的任何一种设置所需要的样式。默认设置是"正常"。

(4) Line-height(行高)：设置文本所在行的高度。在下拉列表中选择"normal(正常)"选项系统将会根据字体大小来确定行高，或直接输入一个数值并在右侧下拉列表中选择一种度量单位。

(5) Text-decoration(文字修饰)：向文本添加"underline(下划线)""overline(上划线)""line-through(删除线)"或"blink(文本闪烁)"效果。该属性的默认设置为"none(无)"。

(6) Font-weight(字体粗体)：设置字体的粗细，可以从下拉列表"100"到"900"中选择粗细值。还可以根据需要选择"normal(正常)""bold(粗体)""bolder(特粗)"和"lighter(细体)"这几项特殊值中的一种。

(7) Font-variant(字体变体)：此属性决定了文字以正常显示还是以小型大写字母来显示。

"samll-caps(小型大写字母)"是指文本中所有小写字母在浏览器中看上去与大写字母一样，只不过尺寸比标准的大写字母小一点。

(8) Text-transform(文字大小写)：在下拉列表中可以选择以下几种设置字符的大小写显示方式："capticalize(首字母大写)"表示将选定文本中的每个单词的首字母大写；"uppercase(大写)"表示将文本设置为全部大写；"lowercase(小写)"表示将文本设置为全部小写；"none(无)"表示保持字符本身的大小写格式。

(9) Color(颜色)：用来设置文本的颜色。可以直接输入一个"#"加六位十六进制数来作为颜色值，如"#FFABDB"，也可以从颜色板用拾色管来选择一种颜色，设置完这些选项后，单击"应用"或"确定"按钮则设置成功。

2) 背景样式

在"CSS 规则定义"对话框中，打开"背景"面板，如图 9-30 所示，根据需要设置样式的属性。"背景样式设置"主要是指设置网页元素的背景属性。例如，创建一个样式，将背景颜色添加到任意网页元素中，如文本、表格等。还可以设置背景图像的位置。

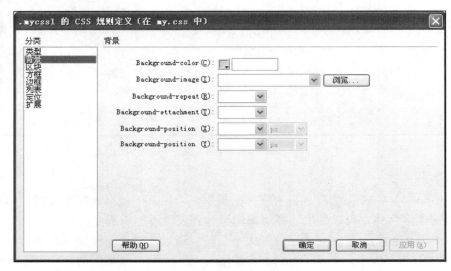

图 9-30　背景样式设置

属性设置：

(1) Background-color(背景颜色)：设置网页元素的背景颜色。

(2) Background-image(背景图像)：设置网页元素的背景图像。单击"浏览"按钮可以选取所需的图像。

(3) Background-repeat(背景重复)：用于设定是否以及如何重复背景图像，共有 4 种选项。

① "no-repeat(不重复)"表示只在应用样式的网页元素开始处显示一次图像。

② "repeat(重复)"表示在应用样式的网页元素背景的水平和垂直方向上重复显示图像。

③ "repeat-x(横向重复)"表示在应用样式的网页元素背景的水平方向上重复显示图像。

④ "repeat-y(纵向重复)"表示在应用样式的网页元素背景的垂直方向上重复显示图像。

(4) Background-attachment(背景附件)：在下拉列表中可以选择"fixed(固定)"和"scroll(滚动)"两个选项中的一个，分别用来确定应用样式的网页元素的背景图像是固定在它的原始位置还是随内容一起滚动。

(5) Background-position(X)(水平位置)和 Background-position(Y)(垂直位置)：用于指定背景图像相对于应用网页元素的初始位置。"水平位置"可以选择"left(左对齐)""right(右对齐)"和"center(居中对齐)"；"垂直位置"可以选择"top(顶部对齐)""bottom(底部对齐)"和"center(居中对齐)"；还可以直接输入一个数值。例如，设置水平位置为"左对齐"，背景图像的左边缘将会和网页元素的左边缘重合。如果"背景附件"属性为"固定"，则位置相对于"文档"窗口而不是元素。

设置完这些选项后，单击"应用"或"确定"按钮则设置成功。

3) 区块样式

在"CSS 规则定义"对话框中，打开"区块"面板，如图 9-31 所示，然后设置所需的样式属性。"区块样式设置"主要是指可以设置字间距和对齐方式。

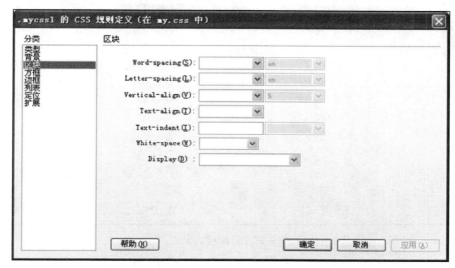

图 9-31   区块样式设置

属性设置具体如下：

(1) Word-spacing(单词间距)：设置单词与单词之间的间距。如果设置为"normal(正常)"，浏览器将根据最合适状态调整单词的间距；如果输入一个值，在右侧下拉列表中选择某一单位，则把输入值设定为单词的间距；还可以输入负值，但其显示效果取决于所使用的浏览器。

(2) Letter-spacing(字母间距)：设置字母或字符的间距。字母间距选项的优先级高于单词间距选项，设定时要注意两者之间的区别。

(3) Vertical-align(垂直对齐)：用于定义一个元素在垂直方向上的位置，这个位置是相对它的父对象网页元素的位置而言的。

(4) Text-align(文本对齐)：用于定义应用样式的网页元素中文本的对齐方式。有以下四种对齐方式："left(左对齐)""right(右对齐)""center(居中对齐)"和"justify(绝对居中)"。

(5) Text-indent(文本缩进)：用于定义应用样式的网页元素中首行文本缩进距离。可以根据选择的浏览器设定负值。

(6) White-space(空格)：用于确定如何处理应用样式的网页元素中的空格。有三个选项可供选择："normal 正常"按照正常方式收缩空格，即多重的空白合成一个；"pre(保留)"则保留应用样式的网页元素中空格的开始样式(即保留所有空白，包括空格、制表符和回车)；

"nowarp(不换行)"用于指定应用样式的网页元素中仅当遇到
(换行)标签时文本才换行。

(7) Display(显示)：用于指定是否以及如何显示应用样式的网页元素。 选择"none(无)"则关闭应用样式的网页元素的显示设置。

设置完这些选项后，单击"应用"或"确定"按钮则设置成功。

4) 方框样式

在"CSS 规则定义"对话框中，打开"方框"面板，如图 9-32 所示，然后设置所需要的样式属性。"方框样式设置"主要是设置网页元素的边框样式。

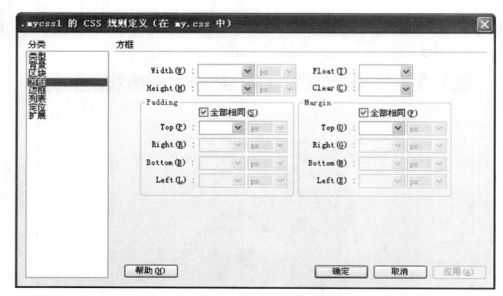

图 9-32　方框样式设置

属性设置如下：

(1) Width(宽)和 Height(高)：用来设置网页元素的宽度和高度。可以选择"auto(自动)"，应用样式的网页元素的宽度和高度由浏览器自行控制；还可以直接输入一个数值，右侧的下拉列表用来为输入的数值选择一个单位。

(2) Float(浮动)：用于设置其他元素(如文本、层、表格等)在哪个边围绕浮动。若选择"left(左对齐)"，则应用样式的页面元素被放置在左侧；若选择"right(右对齐)"，则应用样式的页面元素被放置在右侧；其他元素则环绕在应用样式的浮动元素的周围。若选择"none(无)"，则无环绕效果。

(3) Clear(清除)：用于定义对象不允许出现层的边。可以通过选择"left(左对齐)"和"right(右对齐)"设定不允许出现层的一侧，若清除边上出现层，则待清除设置的元素移动到该层的下方。若选择"both(两者)"选项，则指对象两侧都不允许出现层。若选择"无"，则表示允许出现层。

(4) Padding(填充)：用于指定应用样式的网页元素的边界和内容之间的空白大小。若取消选择"全部相同"选项，可以分别在"top(上)""right(右)""bottom(下)"和"left(左)"四个下拉列表框中输入设定的数值，然后在右侧的下拉列表中选择适当的数值单位，可设置元素各个边的填充效果。若选择"全部相同"选项，则四个边的填充效果一样。

(5) Margin(边界)：用于指定应用样式的网页元素的边界和另一个元素之间的空白大小。

效果取消选择"全部相同"选项，可以分别在"top(上)""right(右)""bottom(下)"和"left(左)"四个下拉列表框中输入设定的数值，然后在右侧的下拉列表中选择适当的数值单位，可设置网页元素各个边的边界。若选择"全部相同"选项，则四个边的边界显示一样的效果。

设置完这些选项后，单击"应用"或"确定"按钮则设置成功。

5) 边框样式

在"CSS 规则定义"对话框中，打开"边框"面板，如图 9-33 所示，然后设置所需的样式属性。"边框样式设置"用于设定网页元素周围的边框样式(如宽度、颜色和样式)。

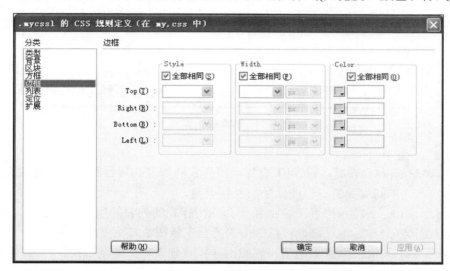

图 9-33　边框样式设置

属性设置：

(1) Style(样式)：用于设置应用样式的网页元素边框的样式外观。有 9 种样式可供选择。若取消选择"全部相同"复选框，可以分别在"top(上)""right(右)""bottom(下)"和"left(左)"四个下拉列表框中选择不同的样式，可设置网页元素各个边的边框样式。若选择"全部相同"选项，则四个边的边框显示一样的效果。

(2) Width(宽度)：用于设置应用样式的网页元素边框的宽度。若取消选择"全部相同"，复选框可以分别在"top(上)""right(右)""bottom(下)"和"left(左)"四个下拉列表框中输入设定的数值，然后在右侧的下拉列表中选择适当的数值单位，还可以选择"thin(细)""medium(中)"和"thick(粗)"设置网页元素各个边的边框宽度。如果选择"全部相同"选项，则四个边的边框宽度一样。

(3) Color(颜色)：用于设置应用样式的网页元素边框的颜色。若取消选择"全部相同"复选框，可设置元素各个边的边框颜色；若选择"全部相同"选项，则四个边的边框颜色一样。

设置完这些选项后，单击"应用"或"确定"按钮则设置成功。

6) 列表样式

在"CSS 规则定义"对话框中，打开"列表"面板，如图 9-34 所示，然后设置所需的样式属性。"列表样式设置"主要是用于设置定义列表的列表标签(如项目符号的图像和类型)。

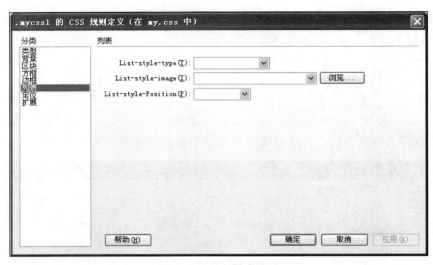

图 9-34　列表样式设置

属性设置如下：

(1) List-style-type(列表类型)：用于设置应用样式的列表的项目符号或编号的类型。下拉列表中有分别代表不同样式的符号或编号的 9 种类型。

(2) List-style-image(项目符号图像)：用于为应用样式的列表的项目符号指定自定义图像。可以直接输入图像的 URL 地址，也可以单击"浏览"按钮通过浏览选择图像。

(3) List-style-Position(位置)：用于设置应用样式的列表项文本是否换行和缩进(外部)以及文本是否换行到左边距(内部)。

设置完这些选项后，单击"应用"或"确定"按钮则设置成功。

7) 定位样式

在"CSS 规则定义"对话框中，打开"定位"面板，如图 9-35 所示，然后设置所需的样式属性。"定位样式设置"主要是使用"层"参数选择定义层的默认标签，将标签或所选文本块更改为新层。

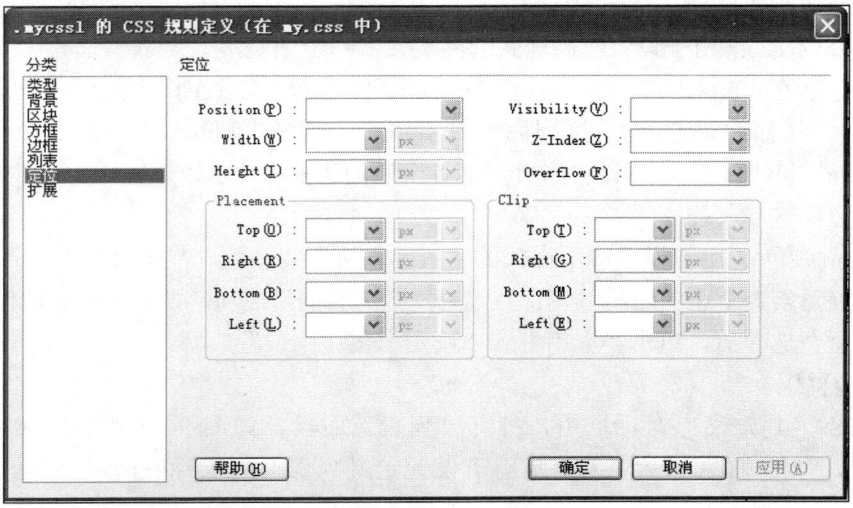

图 9-35　定位样式设置

属性设置如下：

(1) Position(位置)：用于确定浏览器如何来定位层，具体选择如下所示：

"absolute(绝对)"：用来表示使用"绝对"坐标放置层，在 Placement(放置)的四个下拉列表中输入相对于页面左上角的绝对位置的值。

"relative(相对)"：用来表示使用"相对"坐标放置层，在 Placement(放置)的四个下拉列表中输入相对于对象在文档的文本流中的相对位置的值。

"static(静态)"：将层放在它在文本流中的位置。

(2) Visibility(显示)：用于确定层的初始显示条件。若不指定可见性属性，则默认情况下大多数浏览器都继承父级的值。具体有以下几种选择：

"inherit(继承)"：表示继承分层的父级元素的可见性属性。若层没有父级，则它将是可见的。

"visible(可见)"：表示显示层的内容，而不管分层的父级元素是否可见。

"hidden(隐藏)"：表示隐藏层的内容，而不管分层的父级元素是否可见。

(3) Z-index(Z 轴)：用于确定层的堆叠顺序。可以选择 auto(自动)，或者输入相应层的编号，编号值较高的层显示在编号值较低的层的上面。编号值可以为正数，也可以为负数。

(4) Overflow(溢位)：用于确定层中的内容超出该层的边界时将发生的情况。这些属性控制如何处理此扩展，具体有如下几种选择：

"visible(可见)"：表示当层中的内容超出该层的边界时，层会自动向右下方扩展大小，使它的所有内容均可见。

"hidden(隐藏)"：表示当层中的内容超出该层的边界时，保持层的大小并剪辑任何超出的内容。不提供任何滚动条。

"scroll(滚动)"：表示无论层中的内容是否超出该层的边界，层中总会出现滚动条，不论内容是否超出层的大小都可以浏览所有内容。

"auto(自动)"：表示当层中的内容超出该层的边界时，层的大小不变，层中会出现滚动条。可以通过滚动条的滚动浏览所有的内容。

(5) Placement(放置)：用于指定层的位置和大小。具体位置取决于"类型"设置。在 top(上)、right(右)、bottom(下)和 left(左)的下拉列表框中，分别输入相应的值，然后在右侧的下拉列表框中选择相应的单位。位置和大小的默认单位是像素。

(6) Clip(裁切)：用于定义层的可见部分的位置和大小。如果指定了裁切区域，可以通过脚本语言(如 JacaScript)访问它。在 top(上)、right(右)、bottom(下)和 left(左)的下拉列表框中分别输入相应的值，然后在右侧的下拉列表框中选择相应的单位。位置和大小的默认单位是像素。

设置完这些选项后，单击"应用"或"确定"按钮则设置成功。

8) 扩展样式

"在 CSS 规则定义"对话框中，打开"扩展"面板，如图 9-36 所示，然后设置所需的样式属性。"扩展样式设置"主要是设置滤镜、分页和光标选项等属性。

(1) 分页：用于设置应用样式的网页添加分页符，可以指定在某网页元素前或后进行分页。分页的概念是在打印网页中的内容时在某个指定的位置停止，而接下来的内容将被打印在下一页纸上。

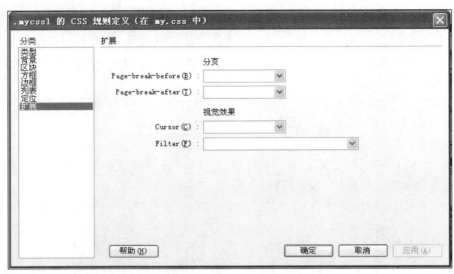

图 9-36　扩展样式设置

(2) Cursor(光标)：用于设定当鼠标指针位于应用样式的网页对象上时，鼠标指针形状会发生改变。具体通过下拉列表框来选择形状：crosshair(十字交叉)、text(文本选择)、wait(等待效果)、default(默认鼠标形状)、help(带问号的鼠标)、e-resize(向右的箭头)、ne-resize(向右上的箭头)、n-resize(向上的箭头)、nw-resize(向左上的箭头)、w-resize(向左的箭头)、sw-resize(左下的箭头)、s-resize(向下的箭头)、se-resize(向右下的箭头)、auto(系统自动效果)。

(3) Fliter(过滤器)：用于使用 CSS 语言实现的滤镜效果，在下拉列表中有多种滤镜可供选择。

设置完这些选项后，单击"应用"或"确定"按钮则设置成功。

9) 更改 CSS 样式

如果需要更改已有的 CSS 样式，可以通过以下几种方式进行修改。

(1) 在"CSS 样式"面板中选中要修改的 CSS 样式，再单击"编辑样式"按钮 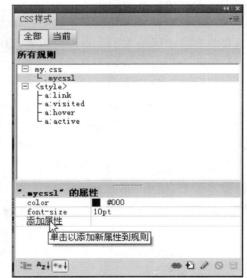，打开"CSS 规则定义"对话框进行修改，完成后单击"确定"按钮。

(2) 直接双击要修改的样式，打开"CSS 规则定义"对话框进行修改，完成后单击"确定"按钮。

(3) 选择要修改的样式后，在属性面板下方的属性列表中直接修改属性值，单击"添加属性"字样可以添加新的属性，如图 9-37 所示。

10) 删除 CSS 样式

图 9-37　修改 CSS 属性

在"CSS 样式"面板中，选中要删除的样式，然后再单击"删除 CSS 样式"按钮 📷 即可。或者选中要删除的样式后右击，在弹出的菜单中选择"删除"选项。如果删除的是 CSS 外部样式表文件，则源文件不会被删除，只删除与文档之间的链接关系。

3．滤镜

滤镜格式的相应样式及参数说明见表 9-1。

表 9-1　滤镜样式及参数表

Filter 样式	简要说明	支持参数
Alpha	设置图片或文字的不透明度	Opacity、finishOpacity、style、startX、startY、finishX、finishY、add、directionstrength
Blur	在指定的方向和位置上产生动感模糊效果	Add、direction、strength、
Chroma	对所选择的颜色进行透明处理	Color
Dropshadow	在指定的方向和位置上产生阴影	Color、offX、offY、positive
Fliph	沿水平方向翻转对象	
Flipv	沿垂直方向翻转对象	
Glow	在对象发光	Color、strength
Gray	将对象以灰度处理	
Invert	逆转对象颜色	
Light	对对象进行模拟光照	
Mask	对对象生成掩膜	Color
Shadow	沿对象边缘产生阴影	Color、direction
Wava	在垂直方向上产生正弦波形	Sdd、frep、lightStrength、phase、strength
Xray	改变对象的颜色深度，并绘制黑白图像	

实践任务

任务 4　设置网站首页的 CSS 样式

本实践任务是美化"椰城美食娱乐"网站的首页，效果如图 9-38 所示。

任务目的：

1．掌握 CSS 的建立、编辑和应用的基本方法。

2．进一步理解 CSS 在美化网页中的作用及其特点。

任务内容：

美化"椰城美食娱乐"网站的首页，超链接具有相同的显示样式，中间主体介绍文字具有相同的字体格式和相同的行距。

任务指导：

1．分析"椰城美食娱乐"网站的首页，创建基本的页面。

2．修改 p 标签。

3．更改链接样式。

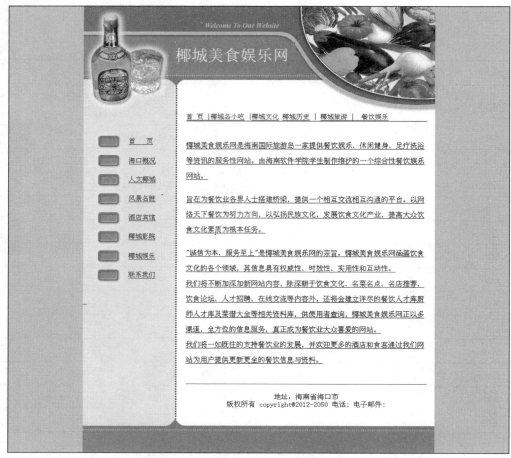

图 9-38 "椰城美食娱乐"网站首页

(效果：光盘\ch9\效果\实践任务\index.html)

(素材：光盘\ch9\素材\实践任务\)

本章小结

本章通过两个案例主要介绍了 CSS 样式的基础知识和基本操作：CSS 样式的基本概念；新建 CSS 样式的方法，编辑 CSS 样式表的方法；8 种 CSS 样式类别的设置，更改 CSS 样式，删除 CSS 样式；应用 CSS 样式表的方法：链接内部样式和链接外部样式；CSS 样式的应用——滤镜。CSS 的应用为网页的排版和设计提供了更方便的操作方法，大大简化了一些特殊效果的实现过程。

知识点考核

一、选择题

1. 下列哪个 CSS 属性可以更改字体的大小(   )。

    A. text-size   B. font-size   C. text-style   D. font-style

2. 样式定义类型中的(   )主要用来进行背景颜色或背景图片的各项设置。

    A. 背景   B. 区块   C. 列表   D.扩展

3. CSS 样式表存在于文档的(   )区域中。

    A. HTML   B. BODY   C. HEAD   D. TABLE

二、填空题

1. 链接样式包括_____、_____、_____和_____4 个状态。

2. _____ 和 _____两种滤镜能够产生阴影效果。

第 10 章 AP Div 和行为

技能目标：

✧ 使学生能够利用"行为"面板制作特效网页。

✧ 使学生掌握 AP Div 和行为的综合应用。

知识目标：

✧ 掌握创建 AP Div 的基本方法和 AP Div 的属性设置的基本方法。

✧ 掌握添加编辑行为的基本方法。

任务导入

AP Div 是网页布局中非常重要的一个工具。在 AP Div 中可以放置文本、图像和动画等任何页面元素，利用 AP Div 不仅可以在网页中精确定位对象的位置，还可以利用 AP Div 的重叠以及 AP Div 的隐藏和显示功能实现一些简单的动态效果。

行为在 Dreamweaver 中具有非常强大的功能，受到广大网页设计爱好者的欢迎，行为的主要功能就是在网页中插入 JavaScript 程序而无需用户自己动手编写代码，通过使用行为，可以提高网站的交互性，使网页设计者轻松做出多种网页特效。

本章将以一些实例介绍 AP Div 和行为的使用方法和技巧以及 AP Div 和行为的综合应用。

任务案例

本章任务案例 10-1 是使用"AP Div"创建的"调整 AP Div 的重叠顺序"网页，效果如图 10-1 所示。

本章任务案例 10-2 是在初始网页 index-1.html 的基础上添加了"AP Div"和附加行为，效果如图 10-2 所示。

任务解析

"调整 AP Div 的重叠顺序"案例中三张不同的图像重叠显示，可以通过先创建 AP Div 然后使用 AP Div 元素"属性"面板设置来实现。

"绿色家园"主页案例中，打开网页加载时弹出信息、单击图像对象可以打开一个新的浏览器窗口、鼠标移动到图像对象上时显示说明信息，离开图像信息消息、鼠标移动到图像对象上时交互图像，离开恢复原始图像。可以通过附加行为和 AP Div 的综合应用实现网页特效。

图 10-1 "调整 AP Div 的重叠顺序"网页

(效果：光盘\ch10\效果\任务案例\index.html)

(素材：光盘\ch10\素材\任务案例\)

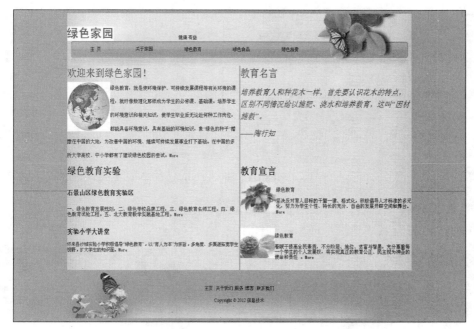

图 10-2 "绿色家园"网页

(效果：光盘\ch10\效果\任务案例\index.html)

(素材：光盘\ch10\素材\任务案例\)

完成本章任务案例 10-1 和案例 10-2 的流程设计:

①先分析案例 10-1 页面中由哪些 AP Div 组成;→②创建 AP Div,插入图片,设置 AP Div 的属性;→③分析案例 10-2 页面中有哪些特殊的动作效果;→④根据不同对象产生的不同效果分别进行附加行为,直到所有效果实现完成。

任务实现

任务 1　创建 AP Div

(1) 利用▦按钮绘制 AP Div。

在本章任务站点下新建一个空白网页,将光标定位在要插入 AP Div 的位置,在"插入"面板的"布局面板"分类中单击"绘制 AP Div"按钮,待光标变成"十"字形状后,在所需位置上画出适当大小的矩形区域,为 apDiv 1。

小贴士

使用命令插入:

将光标定位在要插入 AP Div 的位置,然后执行【插入】→【布局对象】→【AP Div】命令,Dreamweaver CS5 将在插入点插入一个 AP Div,如图 10-3 所示。

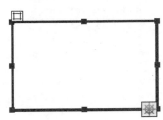

图 10-3　插入层

(2) 设置 AP Div 的属性。

选中 AP Div 打开其"属性"面板,如图 10-4 所示。

图 10-4　单个 AP Div 的"属性"面板

"CSS-P 元素":指定 AP Div 的名称。指定 AP Div 的名称后,不仅可以更容易地选择 AP Div,而且可以指定多种多样的效果。AP Div 的名称不可以使用连字符或句号等特殊符号。

"左"/"上"：以文档的左上侧为基准，输入左侧和上侧的坐标，指定 AP Div 的位置。

"宽"/"高"：设置 AP Div 的宽度和高度。当插入的对象比 AP Div 大的时候，会忽略这些值，自动调节 AP Div 的大小。

"Z 轴"：决定叠加 AP Div 的顺序。Z 轴值较大的 AP Div 会布置在 Z 轴值较小的 AP Div 上面。

"可见性"：设置 AP Div 的可见性。AP Div 根据可见性可以显示在画面中，也可以选用隐藏方式。应用行为或直接创建脚本的时候，可以调节可见性制作出多种多样的效果。

defauult(默认值)：没有另外设置可见属性，大部分情况下都是指定为 inherit(继承)。

inherit(继承)：在嵌套 AP Div 的情况下，会继承父 AP Div 的可见性。

visible(显示)：与 AP Div 无关，将图 AP Div 内容显示在画面上。

hidden(隐藏)：AP Div 不显示在画面上。

"背景图像"：指定 AP Div 的背景图像。

"背景颜色"：指定 AP Div 的背景颜色。在没有另外指定的情况下，显示为透明。

"类"：选择应用在 AP Div 的类样式。

"溢出"：插入 AP Div 的内容超过指定大小时，对 AP Div 内容的显示方法。

visible(显示)：增加 AP Div 的大小，以便 AP Div 所有内容都可见。

hidden(隐藏)：剪切掉超出 hidden(隐藏)范围的其他内容，并不显示滚动条。

scroll(滚动)：AP Div 的内容超过它的边界时自动显示滚动条，否则就隐藏滚动条。

auto(自动)：当 AP Div 的内容超过指定大小时，浏览器才显示滚动条。

"剪辑"：只把 AP Div 的一部分显示在画面上的操作称为"剪辑"。指定剪辑区域时，使用剪辑属性。"右"是以左上侧焦点为基准，显示剪辑区域的起始位置。"左"表示原 AP Div 和剪辑图 AP Div 之间的上侧间隔，即以焦点为基准显示剪辑区开始的 X 位置。"上"表示原 AP Div 和剪辑 AP Div 之间的上侧间隔，即以焦点为基准显示剪辑区域开始时 Y 的位置。

(3) 把光标定位在 AP Div 里，执行菜单栏中的"插入"→"图像"命令，在弹出的"选择源文件"窗口中选择一幅图像，单击"确定"按钮即可插入一张图片，如图 10-5 所示。

图 10-5　创建 AP Div 并插入图片

(4) 按照上述方法再创建两个 AP Div，并分别插入图像，如图 10-6 所示。

图 10-6　创建三个 AP Div

(5) 此时 apDiv 3 遮住了 apDiv 2 和 apDiv 1。要显示 apDiv 2，可以选中它，把"属性"编辑器中的"Z 轴"设置为"4"，apDiv 2 就在最上面了，如图 10-7 所示。

小贴士

　　　插入到网页中的 AP Div 具有层次的属性，体现在"Z 轴"这个参数上。并以创建的先后顺序来确定 AP Div 的层次次序。层次用整数表示，数字越大，表明该 AP Div 越靠上面，当与其他 AP Div 发生重叠时，该 AP Div 位于最上面，遮住数字比它小的 AP Div。

图 10-7　改变"Z 轴"的值

"Z轴"的值可以在"AP Div"面板上进行修改。打开"AP Div"面板，单击"Z"列下面的值进行修改，如图10-8所示。

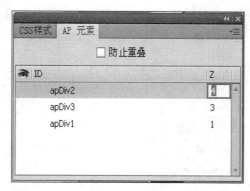

图10-8　"AP Div"面板

任务2　使用行为

本节将通过实例操作对"行为"菜单中几个常用的内置行为进行详细讲解。

1. 弹出信息

从一个文档切换到另一个文档或单击特定链接时，若想给用户传达简单的内容，就可以使用"弹出信息"行为实现弹出消息框的效果。消息框是具有文本消息的小窗口，给用户传达信息时会经常使用到这些消息框。添加"弹出信息"行为的步骤如下。

(1) 打开附书光盘中的 index-1.html(源文件位置：光盘:\ch10\效果\任务案例\10.1\index-1.html)页面，在文档窗口中选择要应用行为的对象，这里选择\<body>标签，如图10-9所示。

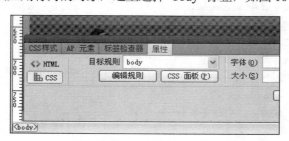

图10-9　选择\<body>标签

(2) 打开"行为"面板，在"行为"菜单中选择"弹出信息"选项，打开图10-10所示的对话框，只要在"弹出信息"的对话框中指定弹出信息的内容即可。

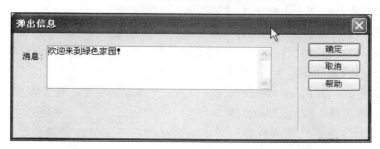

图10-10　"弹出信息"对话框

(3) 设置完毕后，单击"确定"按钮即可。在标签查看器的"行为"面板中可以看到添加的动作和事件，将事件设为 onLoad，如图 10-11 所示。

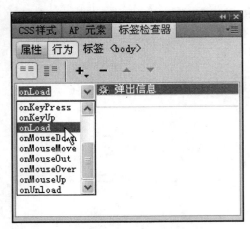

图 10-11 设置"onLoad"事件

(4) 按下 F12 快捷键预览页面，可以看到弹出信息设置的效果，如图 10-12 所示。

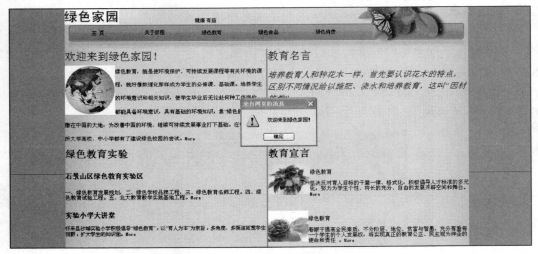

图 10-12 "弹出信息"预览效果

2．打开浏览器窗口

当浏览一个免费主页或者打开链接目标时，经常会弹出一个小窗口，里面放一些广告、公告或调查等，有时候页面的内容不太多，很容易吸引注意。

在创建链接时，若把目标属性设置为_blank ，则可以把链接文档显示在新窗口中，但是不可以设置成新窗口的脚本。此时，利用"打开浏览器窗口"行为，不仅可以调节新窗口的大小，还可以设置导航工具栏或滚动条是否显示。添加"打开浏览器窗口"行为的操作步骤如下。

(1) 打开附书光盘中的 index-1.html(源文件位置：光盘:\ch10\效果\任务案例\10.1\index-1.html)页面，在文档窗口中选择要应用行为的对象，如图 10-13 所示。

(2) 打开"行为"面板，在"行为"菜单中选择"打开浏览器窗口"选项，打开图 10-14 所示的对话框。

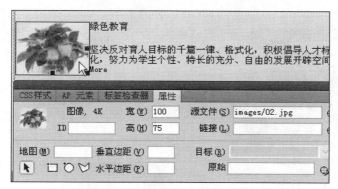

图 10-13　选择"图像"对象

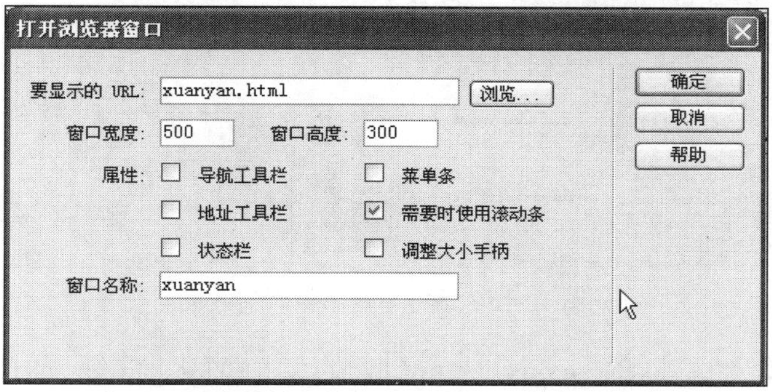

图 10-14　"打开浏览器窗口"对话框

要显示的 URL: 单击"浏览"按钮选择要显示的网页文件或者直接输入网页地址，文本框中将显示网页的路径和名称。

窗口宽度、窗口高度： 指定打开浏览器窗口的宽度和高度，单位为像素。

属性： 选择是否在弹出的窗口中显示导航工具栏(浏览器按钮"后退""前进""主页"和"重新载入"所在的行)、地址工具栏、状态栏(位于浏览器窗口底部的区域，可以显示载入时间和链接地址等信息)、菜单条(浏览器窗口显示菜单区域)。另外，"需要时使用滚动条"用于指定如果内容超出可视区域应该显示滚动条。"调整大小手柄"指定是否允许浏览器调整窗口大小。

窗口名称： 在文本框中键入新窗口的名称。

(3) 设置完毕后，单击"确定"按钮即可。在"行为"面板中可以看到添加的动作和事件，将事件设为 onClick，如图 10-15 所示。

图 10-15　鼠标单击事件

(4) 按下 F12 快捷键预览窗口，可打开浏览器窗口设置的效果，如图 10-16 所示。

3. 显示-隐藏元素

"显示-隐藏元素"动作可以显示、隐藏或恢复一个或多个 AP 元素的默认可见性。此动作用于在浏览者与网页进行交互显示信息。例如，当浏览者将鼠标指针滑过栏目图像时，可以显示一个 AP 元素给出有关栏目的说明、图像、内容等信息。添加"显示-隐藏元素"动作步骤如下。

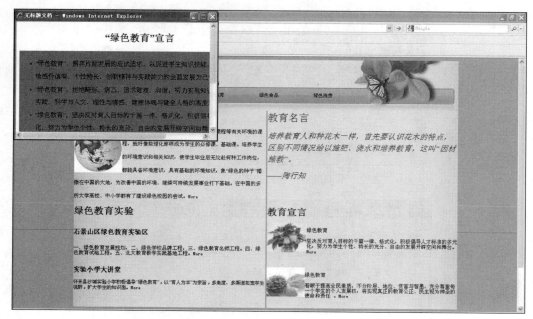

图 10-16　鼠标单击图像时的效果

(1) 打开附书光盘中的 index-1.html(源文件位置：光盘 :\ch10\ 效 果 \ 任 务 案 例
\10.1\index-1.html)页面，在文档窗口中选中"地球"这一图像，打开"插入"面板，选中"绘
制 AP Div"按钮，在文档相应位置插入一个 AP Div，并输入文字，如图 10-17 所示，在 AP Div
属性面板中设置其可见性为隐藏(hidden)，即在打开网页时不显示这一 AP Div。

(2) 选中"地球"这一图像，打开"行为"面板，在"行为"菜单中选择"显示-隐藏元
素"选项，打开图 10-18 所示的对话框，单击"显示"按钮。设置完毕后，单击"确定"按
钮即可。

图 10-17　选择"apDiv1"对象

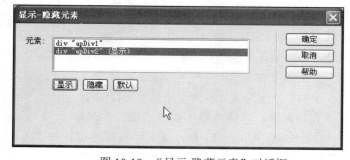

图 10-18　"显示-隐藏元素"对话框

元素：列表中列出了当前文档中所有存在的 AP 元素的名称。

显示、隐藏、默认：选择对列表中选中的 AP 元素进行哪种控制。

(3) 此时，在"行为"面板中可以看到添加的动作和事件，将事件设为 onMouseOver，按
下 F12 快捷键预览网页，可以看到"显示-隐藏元素"设置的效果，如图 10-19 所示。

重复(2)和(3)，添加"显示-隐藏元素"的"隐藏"行为，设置鼠标移开图像时的"onMouseOut"
事件。

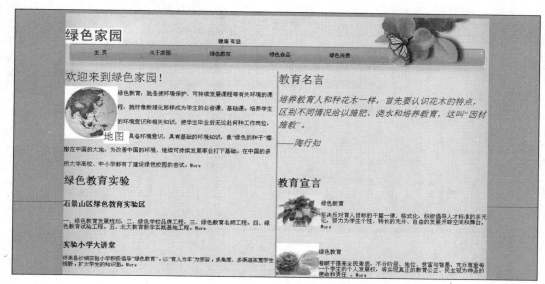

图 10-19　鼠标经过图像时的效果

4．交换图像

交换图像行为能够实现将一幅或者多幅图像显示为另外的图像功能，"交换图像"行为和"恢复交换图像"行为并不是只有在 onMouseOver 事件中使用的。如果单击菜单时需要替换其他图像，则可以使用 onClick 事件。同样，也可以使用其他多种事件。添加"交换图像"动作的操作步骤如下。

(1) 打开附书光盘中的 index-1.html(源文件位置：光盘:\ch10\效果\任务案例jjj\10.1\index-1.html)页面，在文档窗口中选择应用行为的对象，这里选择图像"images/04.jpg"，如图 10-20 所示。

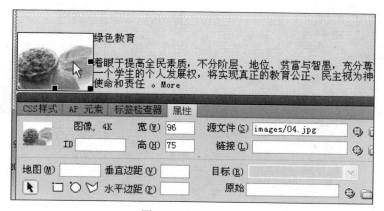

图 10-20　选择图像

(2) 打开"行为"面板，在"行为"菜单中选择"交换图像"选项，打开图 10-21 所示的对话框，在"设定原始档为"文本框中输入 images/01.jpg 或者单击"浏览"按钮打开对话框选择图像对象。

图像：在列表中选择要更改其源的图像。

设定原始档为：单击"浏览"按钮选择图像文件，文本框中将显示新图像的路径和文件名。

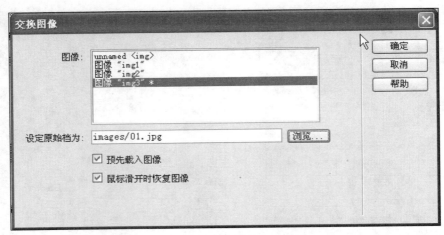

图 10-21　"交换图像"对话框

预先载入图像：勾选该复选框，在载入网页时新图像将载入到浏览器的缓存中，防止当图像出现时因下载而导致的延迟。若勾选该复选框，原始图像加载延迟，可以通过添加"预先载入图像"行为实现预先载入图像。

鼠标滑开时恢复图像：若勾选该复选框，则将自动添加一个"恢复交换图像"行为，但鼠标指针离开图像时，图像将恢复到原始图像。若未选中，将通过添加"恢复交换图像"行为实现这一功能。

(3) 设置完毕后，单击"确定"按钮。按下 F12 快捷键预览页面，可以看到交换图像设置的效果，如图 10-22 所示。

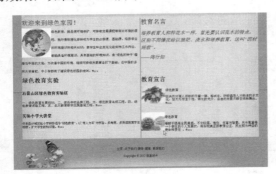

图 10-22　预览效果

知识点拓展

1. 创建嵌套 AP Div

AP Div 可以进行嵌套，在某个 AP Div 内部创建 AP Div 称为嵌套 AP Div 或子 AP Div，嵌套 AP Div 外部的 AP Div 称为父 AP Div。

创建嵌套 AP Div 的方法如下：将光标定位在所需的层内，执行"插入"→"布局对象"→"AP Div"命令即可，图 10-23 所示为创建的嵌套 AP Div 的效果。

打开 AP 元素面板，在其中可以查看 AP Div 的嵌套结构，以及显示或隐藏某个 AP Div。如图 10-24 所示。

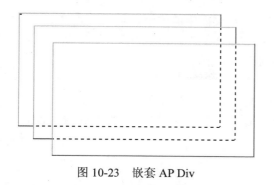

图 10-23　嵌套 AP Div

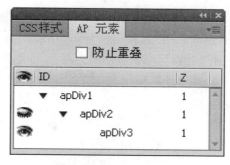

图 10-24　"AP Div"面板

2. AP Div 与表格的转换

　　AP Div 和表格在页面中定义其他对象，如定位图片、文本等。虽然在定位对象方面它们有时可以相互取代，但是两者并不完全相同，有时候必须使用其中的一种。

　　要将 AP Div 排版转换为表格排版，执行"修改"→"转换"→"将 AP Div 转换为表格"命令，在弹出的对话框中设置相应参数，如图 10-25 所示。单击"确定"按钮即可转换成功。

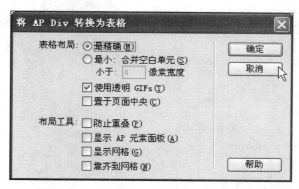

图 10-25　"将 AP Div 转换为表格"对话框

　　对话框中的个参数介绍如下。

　　"最精确"单选按钮：会严格按照 AP Div 的排版生成表格，但表格结构会很复杂。

　　"最小"单选按钮：可以设定删除宽度小于一定像素的单元格，在"小于"文本框中输入像素值。

　　"使用透明 GIFs"复选项：会在表格中插入透明图像起到支撑作用。

　　"置于页面中央"复选项：会让表格在页面居中。

　　"布局工具"选区：可以设置是否防止 AP Div 重叠，自动显示 AP 元素面板和表格，以及是否吸附到网格等。

将 AP Div 转换为表格后，如果要调整 AP Div 在页面中的位置，可以将表格选中，然后执行"修改"→"转换"→"将表格转换为 AP Div"命令，在弹出的"将表格转换为 AP Div"对话框中设置相应参数即可，单击"确定"按钮即可转换成功。

3．行为基础知识

Dreamweaver 行为是一种运行在浏览器中的 JavaScript 代码，设计者可以将其放置在网页文档中，以实现浏览者与网页进行交互，从而以多种方式更改页面或引起某些任务的执行。

1) 关于行为

行为是指能够简单运用制作动态网页的 JavaScript 的功能，它提高了网站的可交互性。行为是由动作和事件组成的。例如，当鼠标指针指向一张图片时，图像发生轮替，此时鼠标指针指向被称为事件，图片发生的变化称为动作。一般的动作都需要事件来激活。事实上，动作是预先写好能够执行某种任务的 JavaScript 代码，而事件则与浏览器前用户的操作相关，如鼠标的滚动等。

事件就是选择在特定情况下发生选定动作的功能。例如，如果运用了单击图片后跳转到特定站点上的行为 ，这是因为跳转动作被指定了 onClick 事件，所以在单击图片的一瞬间就激发了跳转到其他站点的动作。

动作是由预先编写的 JavaScript 代码组成的，这些代码执行特定的任务，如打开浏览器窗口，显示或隐藏层，播放声音或停止 Shockwave 影片。Dreamweaver 能提供最大的跨浏览器兼容性的动作。

图 10-26 所示为当光标移动到不同栏目的图片上时，图片本身显示发生变化的效果。在这个页面中，每个表示栏目的图像可以称之为一个"对象"，当光标移动到图像上方的时候，形成一个鼠标事件而引起按钮图像的变化，这些效果被称为"动作"。

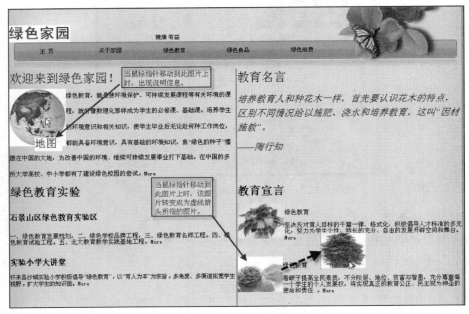

图 10-26　图片变换效果

2) 添加和编辑行为

在 Dreamweaver CS5 中，进行附加行为和编辑行为的操作都将使用到"行为"面板，在其中用户可以进行添加和删除等操作，执行"窗口"→"行为"命令，打开"行为"面板，如图 10-27 所示。

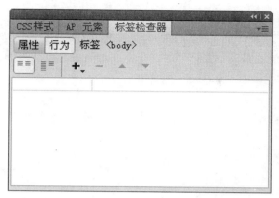

图 10-27 "行为"面板

添加行为要遵循的三个步骤：选择对象、添加动作、调整事件。

为页面中的对象添加行为的具体操作步骤如下。

(1) 在文档窗口中，选择需要为其附加行为的对象，如图像或链接等。

(2) 单击"行为"面板中的"+"按钮，从打开的"动作"菜单中选择一个需要的动作，如图 10-28 所示。用户不能单击菜单中呈灰色显示的动作，这些动作呈灰色显示的原因可能是当前文件中不存在所需要的对象。

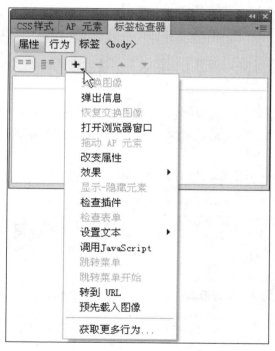

图 10-28 "动作"菜单

(3) 单击一个动作后，会弹出该动作的设置对话框，可以对这个动作的参数进行设置。设置完参数后单击"确定"按钮。

(4) "行为"面板的列表中将显示添加的动作及对应的事件。如果该事件不是希望的事件，可单击事件右侧的下拉按钮打开"事件"下拉列表，从中选择一个需要的事件，如图 10-29 所示。至此，一个行为就添加完毕了。

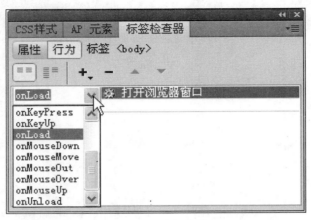

图 10-29　选择事件

在为一个对象添加行为后，还可以改变触发动作的事件、添加或删除动作以及改变动作的参数等。

编辑行为的具体操作步骤如下。

(1) 在文档窗口中选择已添加行为的某个元素或对象，在"行为"面板中可以显示所有已附加到该元素或对象的行为。

(2) 选择要编辑的行为。如果要更改行为的事件，则单击事件右侧的下拉按钮，在弹出的下拉列表中选择更改为的事件。

如果要编辑该行为的动作，则双击该行为，可以看到对应的行为参数设置对话框，然后在对话框中根据需要进行修改，最后单击"确定"按钮。

如果要改变该行为在多个行为中的发生顺序，只要在选中该行为后，单击"行为"面板中的 ▲ 或 ▼ 按钮(只有当所选元素或对象添加了多个基于同一事件的不同或相同动作时，才可以使用)即可，如图 10-30 所示。

(3) 如果要删除行为，只需在选中行为后单击"行为"面板中的 - 按钮或按 Delete 键即可，如图 10-31 所示。

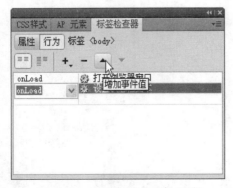

图 10-30　调整行为的发生顺序

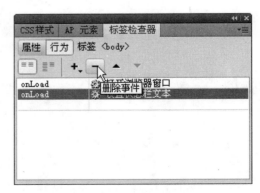

图 10-31　删除行为

任务 3　利用 AP Div 和行为美化网页

根据本章任务案例 10-1 和案例 10-2 的制作，我们应该了解和掌握了使用 AP Div 和行为美化网页的基本方法，现通过实践任务"美食文化"网页的实例操作，可以进一步熟练掌握 AP Div 和行为的创建和应用。页面的最终效果如图 10-32 所示。

图 10-32　"美食文化"网页

(效果：光盘\ch10\效果\实践任务\index.html)

(素材：光盘\ch10\素材\实践任务\)

任务目的：

1．掌握在网页中添加行为的方法。

2．进一步理解 AP Div 和行为在网页美化中的作用及其特点。

任务内容：

设计制作网页中特殊的效果。

任务指导：

1．分析"美食家园"的各种特殊的网页效果。

2．按照添加行为的方法依次添加各种行为。

本章小结

本章通过任务案例 10-1 和案例 10-2 主要介绍了 AP Div 和行为的基础知识和基本操作：

AP Div 和行为的基本作用，创建 AP Div 和行为、编辑 AP Div 和行为以及 AP Div 和行为的应用。只要可以灵活运用 AP Div 和行为制作出各种特效，网页美化的方法一定会变得更简单。

知识点考核

一、选择题

1. 下列关于行为的说法中不正确的是(　　)。

　A. 行为就是事件，事件就是行为

　B. 行为是事件和动作的组合

　C. 行为是 Dreamweaver 预置的 JavaScript 程序库

　D. 使用行为可以改变对象属性、打开浏览器和播放音乐等

2. 关于 AP Div 和表格的关系，以下说法中正确的是(　　)。

　A. 表格和 AP Div 可以互相转换

　B. 表格可以转换成 AP Div

　C. 只有不与其他 AP Div 交叠的层才可以转换成表格

　D. 表格和 AP Div 不能互相转换

二、简答题

1. 什么是行为？

2. 简述 AP Div 的 "Z—顺序"。

第 11 章 创建模板网页

技能目标：

✦ 能够使用模板和库功能设计网页。

✦ 能够根据任务要求设计和制作网页。

知识目标：

✦ 使学生掌握创建和编辑模板的基本方法。

✦ 使学生掌握创建和编辑库的基本方法。

任务导入

在一个网站的制作过程中，常常会发现有很多重复性的劳动：很多的页面有共同之处，如 LOGO 和 BANNER、版权信息及导航等内容，这些内容一般不会去更改它们，但是每做一个页面却都要重复设计这些部分。另外制作完成网页后，站点或者网页中可能会存在很多问题，这又是一个工作量很大的后继维护工作。怎样才能简化这些重复而烦琐的工作呢？通过下面"我的相册"任务案例学习之后，相信对这类网页的制作就会游刃有余了。

任务案例

本章任务案例是使用模板创建的"我的相册"网页，其效果如图 11-1 所示。

图 11-1 "我的相册"网页

(效果：光盘\ch11\效果\任务案例\index.html)

(素材：光盘\ch11\素材\任务案例\)

"我的相册"案例中一共有五个页面，一个是首页，其他是通过导航链接打开的四个页面：家人、朋友、爱人、同学。这四个页面的功能相同，都是用于存放相册的，不同的是相册；页面结构也相同，最上面是 banner 和导航，下方左边是相册内容简介，右边是相册。五个页面的色彩基调、页面结构、功能布局等风格一致，不同的是它们根据网页设计需求存放的内容不一样。可以通过模板和库创建本案例中风格一致的网页，这样有助于提高工作效率，更高效地维护网站。

流程设计

完成本章任务案例的流程设计：

①先分析"我的相册"案例各页面中哪些元素是公共的"固定不变的"(即不可编辑的)，哪些元素是页面可以根据设计需求添加或修改的(即可编辑的)；→②创建模板，设计网页布局，指定公共固定不变的区域(元素)和可编辑区域(元素)，保存模板；→③通过模板生成其他页面：首页、家人、朋友、爱人和同学；→④编辑和制作生成的五个页面，根据设计需求添加不同的内容元素；→⑤通过模板设置超链接。该任务案例即完成。

任务实现

任务 1   创建模板

操作步骤：

(1) 打开 Dreamweaver CS5 环境，新建一个网页或者打开要另存为模板的文档(光盘:\ch11\素材\任务案例\index-1.html)。

(2) 执行菜单"文件"→"另存为模板"命令，如图 11-2 所示。

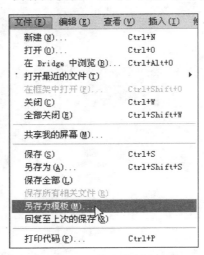

图 11-2   "另存为模板"命令

(3) 弹出"另存模板"对话框，如图 11-3 所示。选择保存模板的站点和填写保存模板的名称 index-1，然后单击"保存"按钮保存模板。

注意：创建的模板会默认保存在站点的 Templates 文件夹中，如图 11-4 所示的文件管理器，如果创建时没有打开一个站点，系统会提示需要添加一个站点。

图 11-3 "另存模板"对话框

图 11-4 文件管理器

小贴士

　　默认生成的模板是没有可编辑区域的，需要设定可编辑区域，才可以将库项目应用到不同的页面当中。

任务 2 创建模板区域

1．定义可编辑区域

(1) 打开网页模板(光盘：ch11\素材\Templates\index-1.dwt)，将光标定位在需要定义可编辑区域的位置，将不需要的内容删除。本章案例中需要定义为可编辑区域的有两个区域，分别如图 11-5 所示的区域 1 和区域 2。

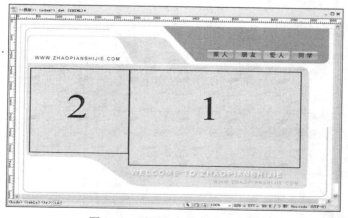

图 11-5 需要定义的可编辑区域

(2) 将光标定位在区域 1 中，执行菜单"插入"→"模板对象"→"可编辑区域"(或按快捷键"Ctrl"+"Alt"+"v")命令，打开"新建可编辑区域"对话框。

(3) 在"名称"文本框中输入可编辑区域的名称"photo"，单击"确定"按钮，如图 11-6 所示。

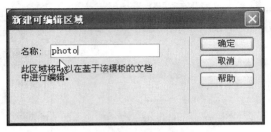

图 11-6　"新建可编辑区域"对话框

(4) 重复上面的操作，依次在区域 2 的位置创建可编辑区域，命名为"text"，完成效果如图 11-7 所示。

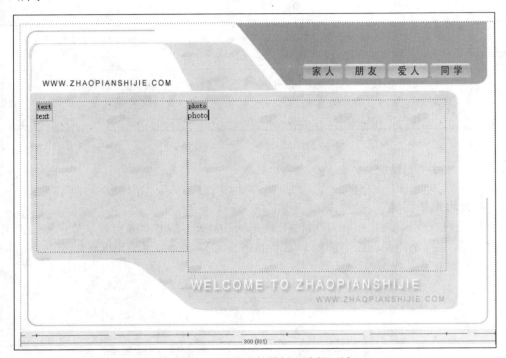

图 11-7　添加完成的模板可编辑区域

小贴士

　　在可编辑区域不能使用双引号、单引号、小于号、大于号及与符号等特殊字符。

2. 定义可选区域

对于已经编辑好的模板中的某一部分，有些网页会需要，有些网页不需要或者换成别的内容，这种情况下就可以选择创建模板时已经定义的可选区域。在使用模板创建网页时，对于可选区域的内容，可以选择显示或不显示。

下面以定义可编辑可选区域为例讲述其定义步骤。

(1) 打开模板文档(光盘：ch11\素材\Templates\index-1.dwt)，选择要定义为可选区域的对象，如图 11-8 所示。

(2) 执行菜单栏下的"插入"→"模板对象"→"可编辑的可选区域"命令，如图 11-9 所示。

图 11-8　选择定义的元素

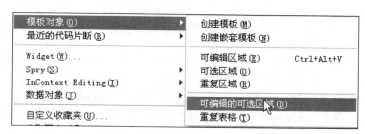

图 11-9　执行"可编辑的可选区域"命令

或者单击"插入"面板"常用"分类中"模板"下拉菜单中的"可编辑的可选区域"选项，如图 11-10 所示。

(3) 在打开的"新建可选区域"对话框中输入可选区域的名称，如图 11-11 所示。

图 11-10　选择"可编辑的可选区域"

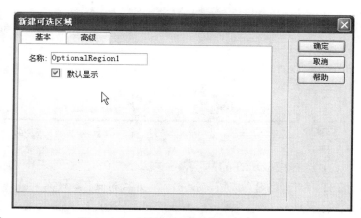

图 11-11　"新建可选区域"对话框

(4) 单击"确定"按钮，创建一个可选区域，如图 11-12 所示。

图 11-12　创建一个可选区域

任务 3　应用模板

创建好模板后，就可以应用模板创建新的网页了，在模板页面中没有设定可编辑区域的部分，在应用模板新建的网页中是不能编辑的。

(1) 执行菜单"文件"→"新建"命令，打开"新建文档"对话框，单击"模板中的页"标签，显示"新建文档"对话框，如图 11-13 所示。

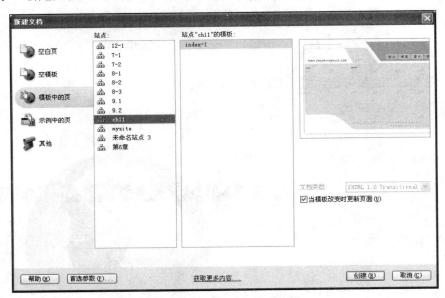

图 11-13　"新建文档"对话框

(2) 选择模板所在的站点，并在该站点的模板列表中选择需要应用的模板。

(3) 单击"创建"按钮，完成新建文档的操作，只需要在可编辑区域内进行编辑：在"photo"可编辑区域中插入图片，在"text"可编辑区域中输入相关文本，然后保存文件为 index.html 即可。预览效果如图 11-14 所示。

图 11-14　根据模板新建的网页文档

依照同样的方法，依次完成 family.html、friends.html、love.html 和 classmates.html 四个页面的设置。

任务 4　更新模板

使用模板的最大好处就是可以一次更新网站结构，如果需要更改网站的结构或者其他设置，只需要修改模板页就可以了，本案例中各个页面间要设置超链接，使用建立图像地图链接更新模板 index-1.dwt。具体步骤如下：

(1) 打开模板文档(光盘：ch11\素材\Templates\index-1.dwt)，选中目标图像。

(2) 设定"家人"热区，在"属性"面板中给图像热区设置超链接，将链接设置为"family.html"，如图 11-15 所示。

图 11-15　设定图像地图链接

(3) 用同样的方法依次设定"朋友""爱人"和"同学"设置图像地图链接。

(4) 修改完成后，保存模板文件时就会弹出"更新模板文件"对话框，所有套用该模板的文件都会出现在列表框中，如图 11-16 所示，单击"更新"按钮就可以将这些文件更新，弹出如图 11-17 所示的对话框，表示更新已经完成，所有应用该模板的页面都将自动发生改变，然后单击"关闭"按钮关闭对话框。

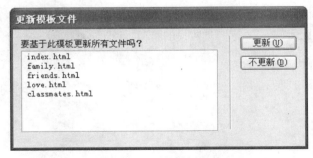

图 11-16　更新模板文件

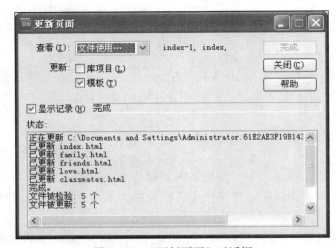

图 11-17　"更新页面"对话框

(5) 页面更新后，打开 index.html，效果如图 11-1 所示。

任务 5　库项目

1. 创建库项目

创建库项目有两种方法：直接新建库项目和将网页内容转化为库项目。

1) 直接新建库项目

新建库项目的具体步骤如下。

(1) 单击"资源"面板"库"子面板上的"新建库项目"按钮 🔳，新建的库项目将出现在面板中，命名为 Libiary，如图 11-18 所示。

(2) 打开新建的库项目进行编辑，然后执行"文件"→"保存"命令保存库文件。创建的模板会默认保存在站点的"Library"文件夹中。

2) 将网页内容转化为库项目

(1) 打开一个网页文档，选中要定义为库项目的元素，本案例中使用导航图片，如图 11-19 所示。

(2) 执行"修改"→"库"→"增加对象到库"命令，选中的内容转化为库项目，出现在"库"面板中，修改库名为 Library，如图 11-20 所示。

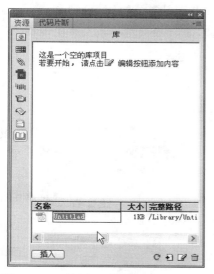

图 11-18　"资源"面板的"库"子面板

图 11-19　选中元素

图 11-20　修改库名

(3) 创建库项目后，网页中应用的库项目就不能在此网页中进行编辑了。

2．应用库元素

应用库元素就是在网页中插入库项目，库项目和对库项目的引用都将被插入到文档中。具体操作步骤如下。

(1) 在文档的编辑区域，定位要插入库元素的位置。

(2) 打开"资源"面板，单击要插入的库项目。

(3) 单击"资源"面板底部的"插入"按钮，一个库元素就被添加到文档中。

知识点拓展

1．模板基础知识

在网页中，模板本身就是一个文档，它是创建其他页面的基础，是其他页面的基本结构。创建模板时，事先设计好：哪些元素哪些区域是其他页面共同的，不可编辑的，哪些元素是其他页面根据自己的需求都可以编辑的，设置和编辑好之后就可以保存为模板了。模板文档的扩展名为.dwt。

小贴士

在制作复杂的网站时，页面比较多又要使所有页面都具有相同的布局(结构相似、风格统一)，通常使用模板来创建保持统一格式的网页。

2．创建模板

在 Dreamweaver CS5 中，用户可以将现有的文档制作成模板，根据需要修改或制作一个空白模板，在其中输入要显示的文档内容。

1) 使用"资源"面板创建新模板

(1) 启动 Dreamweaver CS5 环境,新建一个空白网页,执行菜单"窗口"→"资源"命令打开"资源"面板,在其中选择左侧的"模板"类别,如图 11-21 所示。

(2) 单击"资源"面板底部的"新建模板"图标 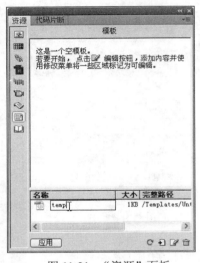,一个新的模板文件出现在"模板"列表中,给新模板命名为 temp。

(3) 单击"编辑模板"按钮 ,打开"temp"模板进行编辑,如图 11-22 所示。

(4) 按下组合键 Ctrl+S 保存,模板建立完成。

图 11-21 "资源"面板   图 11-22 编辑模板

2) 定义重复区域

重复区域是可以根据需要在基于模板的页面中复制任意次数的模板部分。重复区域通常用于表格,也可以为其他页面元素定义重复区域。使用重复区域,可以通过重复特定项目来控制页面布局,如目录项、重复数据行等。

重复区域有两种模板对象:重复区域和重复表格。

设置重复区域的操作步骤具体如下。

(1) 选择要设置为重复区域的内容(可以是要重复的图片、文本或表格等),或者将光标放在想要插入重复区域的地方。

(2) 执行菜单栏下的"插入"→"模板对象"→"重复区域"命令,如图 11-23 所示。

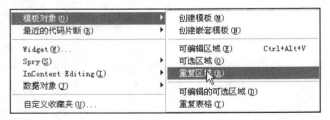

图 11-23 执行"重复区域"命令

(3) 在打开的"新建重复区域"对话框中,输入一个名称,单击"确定"按钮,重复区域就被插入到模板中了,如图 11-24 所示。

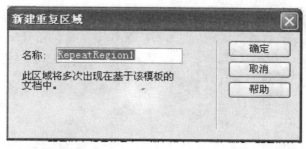

图 11-24　"新建重复区域"对话框

（4）若重复区域中的内容可编辑，还应该在重复区域内插入可编辑区域，再次选择重复对象，插入一个可编辑区域。

3．编辑模板

1）通过菜单删除模板标记

对于定义了模板标记的位置，若要取消某一个可编辑区域，只有先选择该区域，然后执行菜单"修改"→"模板"→"删除模板标记"命令即可。

2）从模板中分离

对于套用了模板的网页，有时可能需要对模板的锁定区进行编辑，这时就需要将该页面从模板中分离出来了，执行"修改"→"模板"→"从模板中分离"命令即可分离。

4．库项目

库是用来存放站点中经常要重复使用的页面元素的场所，对于使用频率较高的页面元素，如表单、表格、文本和图像等，都可以作为库项目存放在库面板中。模板使用的是整个网页，库项目只是网页上的局部页面元素，库项目的文件扩展名为".lbi"。

实践任务

任务 6　使用模板创建"网络商务驿站"网页

通过本章任务案例"我的相册"制作，我们应该了解和掌握了使用模板和库创建网页的方法，现通过实践任务"网络商务驿站"的实例操作，可以进一步掌握模板网页的创建和应用。页面的最终效果如图 11-25 所示。

任务目的：

1．掌握使用模板创建网站的方法。

2．进一步理解模板网页在网页制作中的应用。

任务内容：

设计制作"网络商务驿站"网站，任务中一共有 5 个页面：一个是首页，其他是通过导航链接打开的 4 个页面：产品介绍、联系我们、企业形象、新闻参考。这 4 个页面的功能相同，页面结构也相同，最上面是 banner 和导航，下方左边是最新消息，右边是相关内容。5 个页面的色彩基调、页面结构、功能布局等风格一致，不同的是它们根据网页设计需求存放的内容不一样。

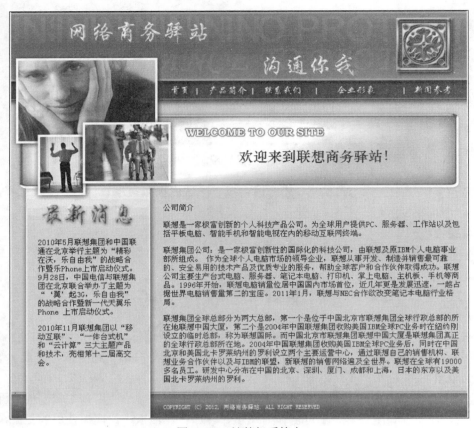

图 11-25　计算机系简介

(效果：光盘\ch11\效果\实践任务\index.html)

(素材：光盘\ch11\素材\实践任务\)

任务指导：

1．先分析"网络商务驿站"网站的各页面中哪些元素是公共的，"固定不变的"(即不可编辑的)，哪些元素是页面可以根据设计需求添加或修改的(即可编辑的)。

2．创建模板，设计网页布局，指定公共固定不变的区域(元素)和可编辑区域(元素)，保存模板。

3．通过模板网页生成其他页面：产品介绍、联系我们、企业形象、新闻参考。

4．编辑和制作生成的 5 个页面，根据设计需求添加不同的内容元素。

5．通过模板网页设置超链接。

本章小结

本章通过"我的相册"任务案例主要介绍了模板和库的基础知识和基本操作：模板的基本概念、作用，以及创建模板、编辑模板和应用模板、库。模板和库是提高网页设计效率的两种技术，使用模板可以控制大的设计区域，保持各页面的风格布局一致，以及重复使用完整的布局。如果要重复使用某个设计元素，如站点的版权信息或徽标，可以创建库项目。只有灵活地运用这些功能，网站的制作和维护一定会变得更简单方便。

知识点考核

一、单选题

1. 模板文件的扩展名为(   )
   A. .lib   B. .asp   C. .dwt   D. .htm
2. 能够在整个站点中的若干网页中重复使用的网页元素是(   )
   A. 模板   B. 图像   C. 文本   D. 库项目

二、思考题

1. 什么是模板文件? 它有什么作用?
2. 模板和库项目的区别是什么?

第 12 章　HTML 语言基础

技能目标：

✧ 掌握利用 HTML 语言设计网页的方法。

✧ 掌握修改 HTML 源代码的方法。

知识目标：

✧ 理解 HTML 语言的组成。

✧ 掌握 HTML 语言的有语法规则。

✧ 理解常用的 HTML 标记含义及应用。

任务导入

通过学习以上章节的内容，我们知道 Dreamweaver 已经提供了强大的"所见即所得"的可视化编辑功能，如果我们对网页的基础——HTML 语言一无所知，那么在使用 Dreamweaver 制作网页的过程中，可能会遇到一些问题，这时借助 HTML 语言就可以使网页的制作变得更为便利。本章主要通过任务案例的学习，介绍如何使用 HTML 语言制作精美的网页。

任务案例

本章的任务案例是使用 HTML 语言创建的"个人主页"网页，效果如图 12-1 所示。

图 12-1　"个人主页"网页

(效果：光盘\ch12\效果\任务案例\index.html)

(素材：光盘\ch12\素材\任务案例\)

任务解析

"个人主页"网页由顶部、导航、中间主体内容和底部版权部分组成，页面中包含文字、图片和 flash 等多媒体网页元素。

流程设计

完成本章任务案例的流程设计：

①先分析"个人主页"案例由哪些页面元素组成；→②创建页面，设置文档标题；→③输入代码，布局整个页面；→④根据设计需求编写代码，依次添加网页的顶部、导航栏、主体部分、版权部分的内容元素。本章的任务案例即设计完成。

任务实现

任务 1　新建页面

(1) 启动 Dreamweaver CS5，新建一个空白网页，单击编辑状态切换"代码"按钮。即可启动代码的编辑窗口，如图 12-2 所示。

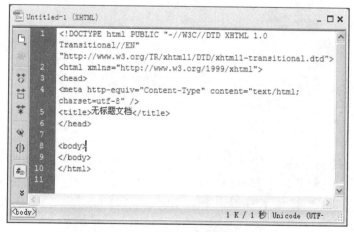

图 12-2　代码编辑器窗口

小贴士

　　Dreamweaver CS5 为用户提供了两种源代码编辑窗口显示方式，单击"代码"按钮。则在整个窗口显示代码窗口；单击"拆分"按钮，就会使窗口分为左、右两个界面，左侧是代码窗口，右侧是设计窗口，这样可以看到当前编辑文档的源代码，用户可以像用其他文本编辑器那样使用它。

(2) 选中图 12-3 所示的语句"<title>无标题文档</title>"中的"无标题文档"，输入新的文本"个人主页"。

(3) 执行菜单"文件"→"保存"命令，保存当前 html 文档，命名为"index.html"。

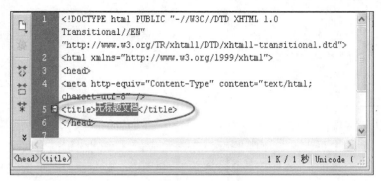

图 12-3　选中的文本

任务 2　布局页面

1．设置网页的背景图像及文本格式

将 images 文件夹中的"bj.png"作为网页的背景图像，网页中字体为"宋体"，字号为"10pt"，颜色为"#000"。在<head>与</head>中的标题标签下面输入代码，代码如下所示：

```
<head>
<meta http-equiv="Content-Type" content="text/html; charset=utf-8" />
<title>个人主页</title>
<style type="text/css">
body {
    background-image：url(images/bj.png);
    font-family："宋体";
    font-size: 10pt;
    color：#000;
    text-decoration: none;
}
</style>
</head>
```

小贴士

　　背景图像的设置使用的是相对路径。

2．插入主页布局表格

在<body>与</body>之间添加代码，插入一个四行一列宽度为 728px 的表格，整个表格的位置设置为"居中对齐"，表格为背景颜色为"#FFF"，边框为 1px，颜色为"#000"。代码如下所示：

```
<head>
```

```
<meta http-equiv="Content-Type" content="text/html; charset=utf-8" />
<title>个人主页</title>
<style type="text/css">
body {
        background-image: url(images/bj.png);
        font-family: "宋体";
        font-size: 10pt;
        color: #000;
        text-decoration: none;
}
```

```
.tablebk {
 border: 1px solid #000;
 background-color: #FFF;
}                              表格背景、边框属性用 CSS 样式设置
```

```
</style>
</head>
<body>
```

```
<table width="728" border="0" align="center" cellpadding="0" cellspacing="0" class="tablebk">
  <tr>
    <td> </td>                          <!--第一行-->
  </tr>
  <tr>
    <td> </td>                          <!--第二行-->
  </tr>
  <tr>
    <td> </td>                          <!--第三行-->
  </tr>
  <tr>
    <td> </td>                          <!--第四行-->
  </tr>
</table>
```

```
</body>
```

3. 设置表格的属性

(1) 设置第一行表格属性。在第一行<td>标签内添加代码，设置单元格的宽度为 728px，高度为 90px，放置网页顶部内容。代码如下所示：

```
  <tr>
    <td width="728" height="90"> </td>
  </tr>
```

(2) 设置第二行表格属性。在第二行<td>标签内添加代码，设置单元格的宽度为 728px，高度为 30px，水平对齐方式为 center，垂直对齐方式为 middle。设置导航栏，代码如下所示：

```
<tr>
    <td width="728" height="30" align="center" valign="middle" > </td>
</tr>
```

(3) 设置第三行表格属性。在第三行<td>标签内添加代码，设置单元格的宽度为 728px，高度为 400px。放置网页中部内容，代码如下所示：

```
<tr>
    <td width="728" height="400"> </td>
</tr>
```

(4) 设置第四行表格属性。在第四行<td>标签内添加代码，设置单元格的宽度为 728px，高度为 40px，水平对齐方式为 center，垂直对齐方式为 middle。放置网页低部内容，代码如下所示：

```
<tr>
    <td width="728" height="40" align="center" valign="middle"> </td>
</tr>
```

单击"设计"按钮，切换到"设计"视图窗口，如图 12-4 所示。

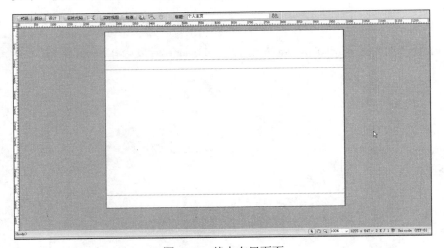

图 12-4　基本布局页面

任务 3　添加网页内容

1. 添加网页顶部图像

在第一行<td>与</td>标签之间添加代码，在单元格内插入图像"ch12\素材\案例\images\banner.jpg"。代码如下所示：

```
<tr>
    <td width="728" height="90">
        <img src="images/banner.jpg" width="728" height="90" />
    </td>
</tr>
```

插入顶部图像代码后网页效果如图 12-5 所示。

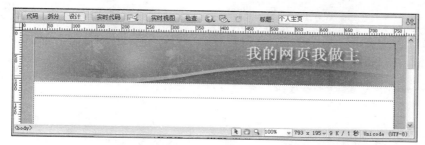

图 12-5 主页顶部效果

2. 添加导航栏

在第二行单元格内添加导航文本。代码如下所示：

```
<tr>
  <td width="728" height="30" align="center" valign="middle">
```

首 页 ∣ 个人简介 ∣ 文学作品 ∣ 绘画作品 ∣ 成长经历 ∣ 个人爱好 ∣ 给我留言</td>
```
</tr>
```

插入导航栏代码后网页效果如图 12-6 所示。

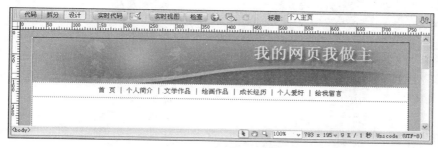

图 12-6 主页顶部效果

3. 添加网页中部内容

(1) 在第三行单元格内插入一个一行两列的表格，同时设置各个单元格的属性。代码如下所示：

```
<table width="728" border="0" cellpadding="0" cellspacing="0" >
  <tr>
    <td width="128" height="400" align="center" valign="middle"> </td>
    <td width="600" height="400" align="center" valign="middle"> </td>
  </tr>
</table>
```

(2) 设置表格属性，在<style>与</style>标签间输入如下代码：

```
<style type="text/css">
body {
    background-image：url(images/bj.png);
    font-family："宋体";
    font-size：10pt;
    color：#000;
```

```
        text-decoration: none;
    }
    .tablebk {
        border: 1px solid #000;
        background-color: #FFF;
    }

    .tablebk tr td table {
        border-top-width: 1px;
        border-right-width: 0px;
        border-bottom-width: 1px;
        border-left-width: 0px;
        border-top-style: solid;
        border-right-style: none;
        border-bottom-style: solid;
        border-left-style: none;
        border-top-color: #000;
        border-bottom-color: #000;
    }

</style>
```

(3) 在表格第一列插入左侧导航文本，同时设置文本为无序列表，输入如下代码：

```
<td width="128" height="400" align="center" valign="middle">
```

```
<ul>
    <li >旅游风景</li>
    <li >个人日记</li>
    <li >我的大学</li>
    <li >我的中学</li>
    <li >我的小学</li>
    <li >我的童年</li>
</ul>
```

```
</td>
```

(4) 设置列表的文本格式，在<style>与</style>标签之间输入如下代码：

```
<style type="text/css">
body {
    background-image: url(images/bj.png);
    font-family: "宋体";
    font-size: 10pt;
    color: #000;
    text-decoration: none;
}
.tablebk {
    border: 1px solid #000;
```

```
        background-color：#FFF;
    }
    .tablebk tr td table {
        border-top-width：1px;
        border-right-width：0px;
        border-bottom-width：1px;
        border-left-width：0px;
        border-top-style：solid;
        border-right-style：none;
        border-bottom-style：solid;
        border-left-style：none;
        border-top-color：#000;
        border-bottom-color：#000;
    }
    .tablebk tr td table tr td ul li {
        font-family："华文中宋";
        font-size：18px;
        line-height：30px;
        color：#000;
        text-decoration：none;
    }
</style>
```

(5) 在第二列插入动画"ch12\素材\案例\images\ middle.swf"，代码如下：

```
<td width="600" height="400" align="center" valign="middle">
<embed src="images/middle.swf" width="550" height="400"autostart="ture">
</embed>
</td>
```

插入主页内容代码后，网页效果如图 12-7 所示。

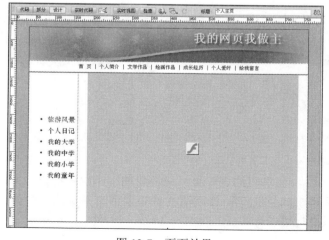

图 12-7　页面效果

4．添加主页底部内容

在<td>与</td>之间输入地址版权等相关信息，代码如下所示：

<tr>

<td width="728" height="40" align="center" valign="middle">

地址：海南省琼海市富海路 128 号 邮政编码：571400
版权所有 copyright@个人 2012-2050

</td>

</tr>

插入主页底部内容代码后，页面效果如图 12-8 所示。

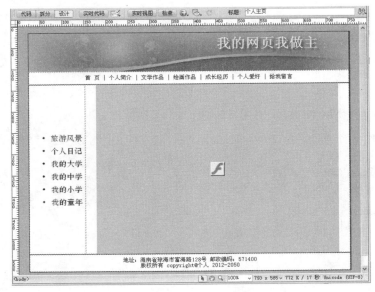

图 12-8　页面效果

5．保存网页文档 index.html。至此，利用 HTML 语言编写的网页就制作完成了。

知识点拓展

1．HTML 基础知识

1) HTML 简介

HTML(Hyper Text Markup Language)是一种网页元素的标记语言规范，称为超文本标记语言。所谓"超文本"，是指页面内可以包含图像、链接、多媒体对象等非文本元素。所谓"标记"，是指它不是编程语言，而是由文字和标签组合而成的标记语言。HTML 文件是纯文本文件，可以由任意文本编辑器编写，文件的扩展名为".html"或".htm"。 HTML 语言还具有强大的排版功能，可以利用它制作出任意版面的页面。

2) HTML 文档格式

一个 HTML 文档是由一系列的元素和标记组成的，元素名不区分大小写，标记用来规定元素的属性及其在文档中的位置，html 网页文件主要由文件头和文件体两部分内容构成。文件头部只对文件主题进行描述性设置，文件体则显示文件的主要内容。

html 网页的基本结构：

-          <html>   …………………………………….html 文件开始
-            <head>   …………………………………..文件头开始
-             文件头部内容
-           </head > ..…………………………………文件头结束
-           <body >   …………………………………文件体开始
-             文件主体内容
-           </body >   …………………………………….文件体结束
-        </html >   ………………………………… html 文件结束

<html>和</html>标记放在网页文档的最外层，表示这对标记间的内容是 html 文档。

3) HTML 文档的主要内容

一个 HTML 文档主要由以下三部分组成。

(1) 标记：

① 放在"<"和">"之间。其格式为：<标记名称>

② 一般成对使用，有开始标记和结束标记，如<p>一个段落</p>；也有部分的空标记，如换行标记
。

③ 标记可以有属性，属性可以有属性值。属性的语法格式如下：<标签名称 属性 1=赋值 1 属性 2=赋值 2 属性 3=赋值 3 … >内容</标签名称>

④ 语法规则：所有标记(包括标记名、属性名)必须小写，属性值放在双引号之间，所有的标记都要关闭，如</p>。

(2) 注释：

① 用"<!--注释内容-->"表示注释。

② 注释部分不会在浏览器中显示出来。

(3) 文本：

① 浏览器中显示给读者的部分。

② 除标记和注释以外的内容。

2．HTML 常用标记

1) head 头部

head 头部标记以<head>标记开始，以</head>标记结束。头部信息出现在文件的起始部分，用来说明文件的有关信息。

头部信息最常用的标记是<title>标记，它用来说明文件标题，<title>标记的格式为：<title>网页标题</title>。浏览时，文件标题将显示在 IE 浏览器的标题栏上。另外，网页中所用到的"CSS 样式"标记·<style>和</style>也在 head 头部标记信息中。

2) <body>标记

<body>标记是 html 文档的主体部分，用户在浏览器中所看到的信息就是在<body>和</body>标记之间定义的内容，包括表格、文本、图片、视频等网页对象。

bgcolor 用于定义网页的背景色。

background 用于定义网页的背景图像文件。

text 用于定义正文字符的颜色，默认为黑色。

link 用于定义网页中超级链接字符的颜色，默认为蓝色。

vlink 用于定义网页中已被访问过的超链接字符的颜色，默认为紫红色。

alink 用于定义被鼠标选中，但未使用时超链接字符的颜色，默认为红色。

3）<table>标记

一个表格由<table>标记开始，由</table>标记结束，<table>标记的常用属性如下所述。

align 用来设置表格的对齐方式，其值有 right、left 和 center。

width 用于设置表格的宽度。

height 用于设置表格的高度。

border 用于设置表格边框线粗细。

cellspacing 用于设置表格内单元格与单元格之间的外间距。

cellpadding 用于设置表格内单元格文本与单元格边框之间的内间距。

bgcolor 用于设置表格的背景颜色。

background 用于设置表格的背景图像。

4）<tr>标记

<tr>…</tr>标记用于定义表格中的一行，表格有多少行就需要多少对<tr>…</tr>标记。该标记必须在<table>…</table>标记内。<tr>标记的常用属性如下所述。

align 用于设置行中所有单元格的水平对齐方式。

valign 用于设置行中所有单元格的垂直对齐方式。

height 用于设置行中所有单元格的高度。

bgcolor 用于设置行中所有单元格的背景颜色。

background 用于设置行中所有单元格的背景图像。

5）<td>标记

<td>…</td>标记用于定义表格每行中的单元格，一行中有多少个单元格就需要多少个<td>…</td>标记。该标记必须放在<tr>…</tr>标记内。<td>标记的常用属性如下所述。

align 用于设置单元格的水平对齐方式。

valign 用于设置单元格的垂直对齐方式。

width 用于设置单元格的宽度。

bgcolor 用于设置单元格的背景颜色。

background 用于设置单元格的背景图像。

6）<img>标记

(1) <img>标记可以方便地在 html 网页中插入动态图像或视频文件。图像文件一般为 jpg、gif 和 png 格式。

(2) <img>图像标记的基本使用格式为："<img src=URL alt=替代文本 title=鼠标提示文本>"，其常用属性如下所述。

① URL 用来指定图像文件的路径和文件名。

② ID 为当前图像定义对象 ID，以便网页调用。

③ alt 属性用来为图像定义一串预备的可替换的文本。替换文本属性的值是用户定义的。

④ title 用来设置鼠标悬停在图像上时的提示文本。

⑤ align 用来指定图文混排时，图像与周围网页元素的环绕关系。其常用属性值有 left、right、top、middle 和 bottom 等。

⑥ border 用来设定图像的边框。

⑦ width 与 height 分别用于设定图像的高度与宽度。

⑧ hspace 和 vspace 分别用于设定与周围网页元素之间的水平间距与垂直间距。

7) <font>标记

(1) 在 HTML 文档中，使用<font>…</font>标记可以对选定的文本的字体、字号及颜色进行设置。其语法格式为：<font face=字体 size=字号 color=颜色>选定文本</font>。

(2) <font>的基本属性如下所述。

① face 属性用于设置文本的字体。

② color 属性用于设置文本的颜色。默认情况下，文本在浏览器窗口内显示为黑色。

③ size 属性用于设置选定文本字体的大小。

8) 列表标记

(1) 有序列表，指的是按照数字或字母等顺序排列列表项目。

有序列表使用编号，而不是项目符号来编排项目。列表中的项目采用数字或英文字母开头，通常各项目间有先后的顺序性。

在有序列表中，主要使用<ol>和<li>两个标记以及 type 和 start 属性。

首标记<ol>和尾标记</ol>之间的内容是有序列表的内容，用<li>和**</li>**标记标识排列表中的每一项。它的语法格式是：

<ol type="序号类型">
  <li>第 1 项</li>
  <li>第 2 项</li>
  <li>第 3 项</li> ……
</ol>

其中，type="序号类型"可省略，使用<ol>作为有序的声明，使用<li>作为每个项目的起始。默认情况下，使用数字序号作为列表的开始，用户可以通过 type 属性将有序列表的序号类型设置为英文或罗马字母。

序号类型有 5 种，具体如表 12-1 所示。

在默认的情况下，有序列表从数字 1 开始计数，这个起始值通过 start 属性可以调整，并且英文字母和罗马字母的起始值也可以调整。

(2) 无序列表，是指以●、○、□等开头的，没有顺序的列表项目。

在无序列表中，各个列表项之间没有顺序级别之分，它通常使用一个项目符号作为每个列表项的前缀。

表 12-1　序号类型表

值	类型
1	数字 1，2，3，…
a	小写字母 a，b，c
A	大写字母 A，B，C
i	小写罗马数字 i，ii，iii，…
I	大写罗马数字 I，III，III，…

无序列表主要使用<ul>、<dir>、<dl>、<menu>、<li>几个标记和 type 属性。

它的语法格式是：

<ul type="符号类型">
  <li>第 1 项</li>
  <li>第 2 项</li>
  <li>第 3 项</li>
  ……
</ul>

其中，使用\<ul\>作为无序的声明，使用\<li\>作为每个项目的起始。默认情况下，项目列表前面的符号为实心小圆点，但用户通过 type 属性可以调整无序列表的项目符号。

符号的类型有 3 种，具体如表 12-2 所示。

9) \<br/\>标记

可以使用\<br/\>标记将文字强制换行。换行标记与段落标记不同，段落标记的换行是隔行的，而使用换行标记两行仍在同一个段落中。一个\<br /\>标记代表一个换行，连续的多个标记可以多次换行。

表 12-2　符号类型表

值	符号
disc	●
circle	○
square	■

与\<br/\>对应的标记是\<nobr\>标记。在默认情况下，如果某一行的文字宽度过长，浏览器会自动对这段文字进行换行处理。如果用户不希望被自动换行，则可以通过\<nobr\>标记来实现。

语法格式：

\<nobr\>不换行显示的文字\</nobr\>

在标记之间的文字在显示的过程中不会自动换行。

10) \<p\>段落标记

\<p\>…\</p\>标记用于在 HTML 文档中定义一个段落。在 HTML 文档中，使用\<p\>标记可以创建一个新的段落。段落与段落之间，浏览器会自动空一行。\<p\>标记有一个水平对齐属性 align，用于控制段落中文本的水平对齐，其属性值是 center、right 和 left。

语法格式：

\<p\>段落文字\</p\>

11) \<a\>标记

(1) 在 HTML 中，使用\<a\>…\</a\>标记可以创建一个超链接，其基本格式为："\<a href=URL 地址　target=目标窗口名称　title=鼠标提示文本\>字符串\</a\>"。

(2) \<a\>标签的属性有如下三种。

① href 是 hypertext reference 的缩写，用于设定链接地址。链接地址必须为 URL 地址，但如果是网页内部的锚点，则必须使用格式：URL 地址#锚点名称。如果没有给出具体路径，则默认路径和当前页的路径相同。

② target 将被链接 URL 文件在指定的窗口中打开(默认在当前窗口中打开)。

③ title 用来控制鼠标指针停在链接上时，显示相关的提示文本。

实践任务

任务 4　使用 HTML 语言创建"信息管理系主页"

根据本章任务案例"个人主页"的制作，我们应该了解和掌握了使用 HTML 语言创建网页的方法，现通过实践任务"信息管理系主页"的实例操作，可以进一步掌握 HTML 语言的语法规则及应用语言编写和修改网页的方法。页面的最终效果如图 12-9 所示。

图 12-9　信息管理系主页

(效果：光盘\ch12\效果\实践任务\index.html)

(素材：光盘\ch12\素材\实践任务\)

任务目的：

1．掌握使用 HTML 语言创建页面的基本方法。

2．进一步理解 HTML 语言的特点。

任务内容：

设计制作"信息管理系"主页，网页顶部是一张 banner 图片，依次是导航栏，底部是版权信息，中间左侧是校园图片，中间右侧是最新公告和最新内容。

任务指导：

1．分析"信息管理系"网页的结构，用 HTML 语言布局页面。

2．在顶部插入 banner 图片。

3．在导航部分设置导航内容。

4．在中间插入一行两列的表格，左侧表格中插入图片，右侧表格中插入四行一列的表格：第一行和第三行分别插入最新公告和最新内容的图片，第二行插入无序列表，第四行插入有序列表。

5．设置版权信息部分。

本章小结

本章通过"个人主页"任务案例主要介绍使用 HTML 语言编写网页的方法。介绍了超文本标记语言 HTML 相关的基础知识，常用的 HTML 标记的使用方法及语法特点。

一、选择题

1．表格的行标记是(   )。

    A．tr   B．td   C．table   D．tl

2．表格的单元格标记是(   )。

    A．tr   B．td   C．table   D．th

3．在 HTML 语言中，<body alink=#ff0000>表示(   )。

    A．设置链接颜色为红色

    B．设置访问过的链接颜色为红色

    C．设置鼠标上滚链接颜色为红色

    D．设置默认的链接颜色为红色

二、填空题

1．CSS 样式表的标记是_____。

2．有序列表的标记是_____。

3．在 HTML 文档中插入图像使用_____标签，用_____属性指定图像的源文件。

第 13 章 网站测试与发布

技能目标：

◇ 掌握测试网站及处理问题的方法。
◇ 掌握域名空间的申请方法。
◇ 掌握如何发布网站。

知识目标：

◇ 掌握网站测试的内容。
◇ 理解域名和空间的概念。

任务导入

网站制作完成之后，在发布之前，对网站进行测试是十分必要的。网站测试过程中在对测试结果出现的问题分析处理完之后，就可以将其上传到服务器中供访问者浏览了。

任务案例

本章任务案例——测试和发布已经制作完成的"个人博客"网站。"个人博客"网站效果如图 13-1 所示。

图 13-1 "个人博客"网站

(素材：光盘\ch13\素材\任务案例\)

网站制作完成后，在发布之前要进行测试以发现网站存在的问题，为进一步改进网站提供依据。对整个网站进行检测，其中包括检查链接，查看是否有断掉的链接，空链接，以及孤立文件等。

流程设计

完成本章任务案例流程：

①检查链接；→②生成站点报告；→③检查目标浏览器；→④申请域名；→⑤申请空间；→⑥设置远程主机；→⑦上传文件。

任务实现

任务 1　检查链接

"个人博客"网站已基本制作完成，在发布之前需要对其进行检测。Dreamweaver 的检查链接功能用于查找网页或整个网站断掉的链接以及孤立的外部链接。

操作步骤：

(1) 要进行网站测试，首先需要创建一个站点，然后才能对其进行测试。新建站点 myhome，然后打开"光盘\ch14\素材\任务案例\个人博客"，将所有内容复制到新建的站点 myhome 的目录下。

(2) 在"文件"面板中选择站点"myhome"选项，如图 13-2 所示。

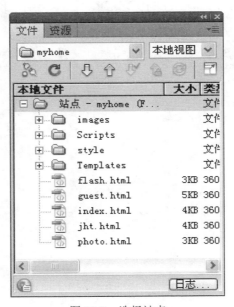

图 13-2　选择站点

（3）执行"窗口"→"结果"命令，打开"结果"面板，如图 13-3 所示。

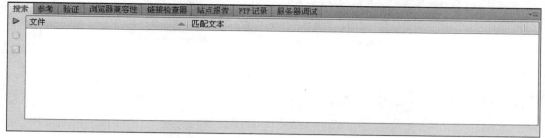

图 13-3　打开"结果"面板

（4）检查断掉的链接：在"结果"面板中选择"链接检查器"选项卡，然后在"显示"下拉列表框中选择"断掉的链接"选项，单击 ▶ 按钮，在弹出的菜单中执行"检查整个当前本地站点的链接"命令，如图 13-4 所示。

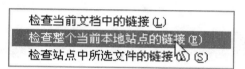

图 13-4　执行"检查整个当前本地站点的链接"命令

（5）该链接检查会检测整个网站的链接，并显示结果，如图 13-5 所示。列表中显示的是站点中断掉的链接，最下端显示检查后的总体信息，如共多少个链接，正确链接和无效链接数量等。

搜索	参考	验证	浏览器兼容性	链接检查器	站点报告	FTP记录	服务器调试

显示(S)：　断掉的链接　▼　（链接文件在本地磁盘没有找到）

文件	断掉的链接
/Templates/tpl.dwt	guest.html
/Templates/tpl.dwt	flash.html
/Templates/tpl.dwt	photo.html
/Templates/tpl.dwt	index.html
/Templates/tpl.dwt	index.html

总共 30 个，10 个HTML，0 个孤立文件。　总共 88 个链接，81 个正确，5 个断掉，2 个外部链接

图 13-5　断掉的链接显示结果

（6）从图 13-6 中，可以看到总共有 88 个链接，其中有 5 个断掉的链接和 2 个外部链接。断掉的链接意味着单击该链接时，无法正确响应。链接断掉的原因有很多，如所链接的文件被移动或删除了，或链接的文件名称写错了等。解决链接问题的主要方法是：选中无效链接，单击其右侧的"浏览文件"按钮，重新设定链接文件，如图 13-6 所示。

（7）查看孤立文件：在"显示"下拉列表框中选中"孤立文件"选项，可查看网站中的孤立文件，也就是没有被链接的文件，如图 13-7 所示。孤立文件一般都没有用，可把孤立文件全部删除。

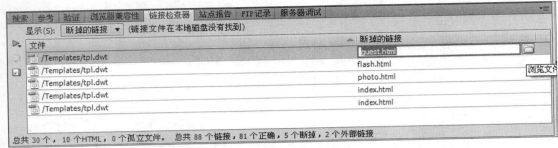

图 13-6　重新设定链接文件

图 13-7　查看孤立文件

(8) 检查外部链接：在"显示"下拉列表框中选中"外部链接"选项，可查看网站中的外部链接，此时如果发现有错误的链接地址，可单击该链接进行修改，如图 13-8 所示。

图 13-8　检查外部链接

任务 2　生成站点报告

在 Dreamweaver 中可以对当前文档选定文件，并对整个站点的工作流程或 HTML 属性运行站点报告。工作流程报告能够改进 Web 小组成员间的合作；HTML 报告可检查合并的嵌套字体标签、辅助功能、遗漏的替换文本、冗余的嵌套标签、可删除的空标签和无标题文档等。

操作步骤：

(1) 在"结果"面板中选择"站点报告"选项卡，如图 13-9 所示。

(2) 单击 ▶ 按钮，打开"报告"对话框，在"报告在"下拉列表框中设置报告的对象为"整个当前本地站点"，在"选择报告"列表框中选中"HTML 报告"下所有的复选框，如图 13-10 所示。

图 13-9 "站点报告"选项卡

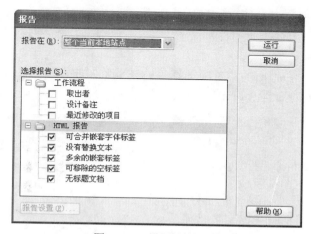

图 13-10 设置站点报告

(3) 单击"运行"按钮，生成站点报告，如图 13-11 所示。

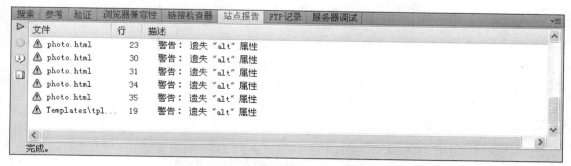

图 13-11 站点报告显示结果

(4) 选择生成的一项报告，然后单击"更多信息"按钮 🔘，显示该项报告的具体信息描述。根据报告结果和描述内容，修改网页。

任务 3 检查目标浏览器

Dreamweaver 的目标浏览器检查功能可以对文档中的代码进行测试，检查是否存在浏览器所不支持的任何标签、属性、CSS 属性和 CSS 值。

操作步骤：

(1) 在"结果"面板中，选择"浏览器兼容性"选项卡，如图 13-12 所示。

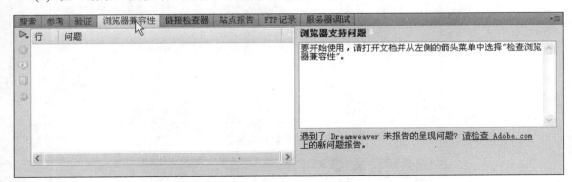

图 13-12　"浏览器兼容性"选项卡

(2) 单击 ▶ 按钮，在弹出的菜单中选择"检查浏览器兼容性"选项，运行命令，生成检测报告，显示结果，如图 13-13 所示。

图 13-13　浏览器兼容性检测结果

(3) 选择报告中的一项，单击 ⊕ 按钮，在弹出的"描述"对话框中查看具体描述信息，或者在查看报告右侧显示的"浏览器支持问题"列表框中查看描述信息，如图 13-13 所示。根据报告和网站主要客户群，分析问题是否严重，是否需要处理。

任务 4　申请域名

网站制作完成后，如果想让其他人访问到，就需要一个网站域名和空间。为了把"个人博客"网站发布到网络上，需要申请一个域名和空间。

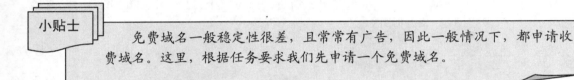

小贴士

免费域名一般稳定性很差，且常常有广告，因此一般情况下，都申请收费域名。这里，根据任务要求我们先申请一个免费域名。

操作步骤：

(1) 在百度中输入关键字："免费域名申请"，可以搜索到很多相关网页，如 mycool.net

网站就提供免费域名申请。打开该网页，如图 13-14 所示。

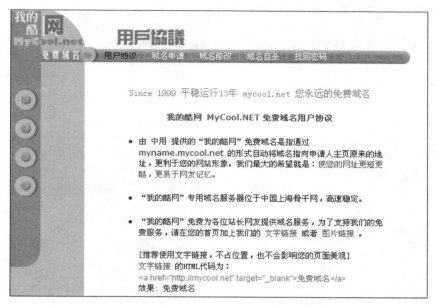

图 13-14 mycool.net 网站的"用户协议"网页

(2) 选择导航栏中的"域名申请"选项，跳转到"域名申请"页面，如图 13-15 所示。

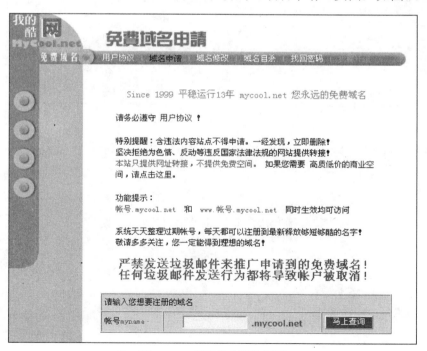

图 13-15 "域名申请"网页

(3) 在"账号"文本框中输入域名名称，如 bloghome，并单击"马上查询"按钮，检测该账号是否被注册了，若被注册了则需要更换一个新的名称，如图 13-16 所示。

图 13-16　注册账号

(4) 若账号没有被注册，则该域名可以使用，然后填写一些信息，如密码、Email 信息等，其中"转到 URL 网址"为需要跳转到的网站 URL 地址，如空间提供商所提供的 IP 地址等，如图 13-17 所示。

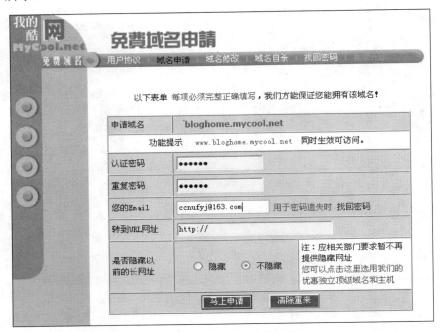

图 13-17　填写域名注册信息

(5) 单击"马上申请"按钮，域名申请成功，如图 13-18 所示。

图 13-18　域名注册成功显示结果

(6) 单击"测试您的新域名：http://bloghome.mycool.net"超链接，可链接到跳转的 URL。在链接过程中，可以看到 mycool.net 的广告，这些广告会影响网页的效果，因此一般情况下不使用免费域名。

小贴士

收费域名的申请与免费域名的申请方法很相似。如在"美橙互联"网站，可以很容易地申请域名。

任务5 申请空间

网站制作完成后，如果想让其他人访问到网站，就需要一个网站域名和空间，在任务4中已申请了一个域名，现需要申请一个空间，把"个人博客"网站发布到网络上。

要把制作完成的网页发布到因特网上，企业可以自己建立机房，配备专业人员、服务器、路由器和网络管理工具等，再向邮电部门申请专线和出口等，由此建立一个完全属于自己管理的独立网站。但是这样需要很大的投入，且日常运营费用也较高。为了节省开支，目前比较流行的做法有3种：租用虚拟主机空间方案、服务器托管方案和专线接入方案，其中租用虚拟主机空间方案是3种中最流行的。

操作步骤：

(1) 目前，提供虚拟主机空间租用的服务商很多，如"美橙互联""你好万维网"等，访问网站 www.cndns.com，打开"美橙互联"首页，在导航栏上选择"虚拟主机"选项，在打开的页面上可以看到该网站提供了多种虚拟主机的选择，如电信主机、双线主机、.net 主机等，如图 13-19 所示。

图 13-19　"美橙互联"网站的"虚拟主机"页面

(2) 单击任一种类型，如电信主机，可查看该类型下的各种虚拟主机选项，可以选择不同的网站空间大小，邮箱数量和 IIS 访问数等，用户可以根据自己的需要购买最适合、最优惠的类型，如图 13-20 所示。

图 13-20　虚拟主机类型

(3) 在这个网站上，可以申请域名，也可以购买储存空间，通常按年收费。例如，如果希望申请的空间不必太大，可以存放动态网页，且是一个国际域名，还可以自己管理邮箱，那么"标准 200 型电信"是比较理想的选择，其年收费为 198 元。

(4) 空间申请成功，交费完成后，服务提供商会以电子邮件的方式，发给用户一些用于登录的内容，包括用户名、FTP 服务器地址、FTP 密码、网站管理服务器地址和网站管理密码。使用用户名、FTP 服务器地址、FTP 密码，可以上传文件；使用用户名、网站管理服务器地址和网站管理密码，可以进行后台文件的上传。

任务6　设置远程主机信息

域名和空间申请完后就可以开始发布网站了，在发布网站之前需要进行远程主机信息的设置。远程设置信息主要包括主机 FTP，登录用户名和密码等信息。

操作步骤：

(1) 启动 Dreamweaver CS5 软件，执行"窗口"→"文件"命令，打开"文件"面板，如图 13-21 所示(注：此处读者打开的"文件"面板不一定显示的是"桌面"，可能是某个盘符，如"本地磁盘 D："；也可能是之前新建的站点，如"未命名站点 2"）。

(2) 单击"未命名站点 2"右侧的下三角按钮，在弹出的下拉菜单中选择"管理站点"选项，打开"管理站点"对话框，如图 13-22 所示。

图 13-21 "文件"面板

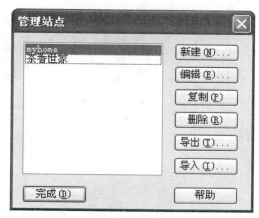

图 13-22 "管理站点"对话框

(3) 如果在"管理站点"对话框中可以看到需要上传的网站，说明之前就已经建立过该网站站点，双击该网站直接进行步骤(8)的操作，否则，选择"未命名站点 2"选项，然后单击"编辑"按钮，新建一个站点，或者直接单击"新建"按钮，新建一个站点。

(4) 单击"编辑"按钮后，在打开的对话框中输入站点的名称，并选择文件的存储位置，单击文本框右侧的文件夹按钮，浏览网站在本地网站所要存储的位置，如图 13-23 所示。

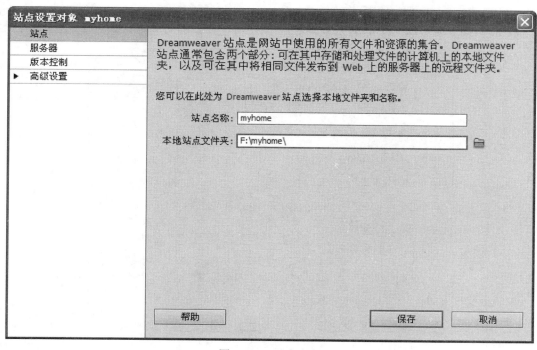

图 13-23 站点定义

(5) 最后单击"完成"按钮，完成站点的创建。此时可以在文件面板中看到刚刚创建的 myhome 站点。

(6) 在"管理站点"对话框中选择"myhome"选项，单击"编辑"按钮或者直接双击"myhome"选项，打开"站点设置对象 myhome"对话框，选择"服务器"选项，如图 13-24 所示。

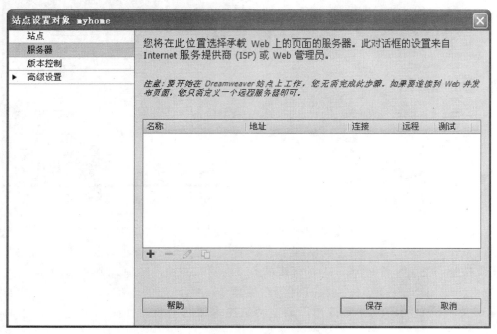

图 13-24　设置站点对象对话框

(7) 然后在下面单击"添加新服务器(+)"按钮，打开新的对话框，如图 13-25 所示。

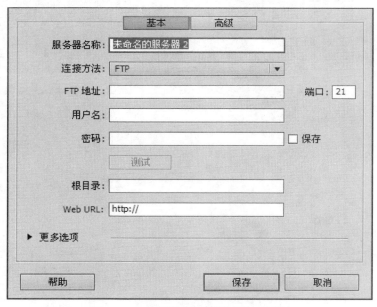

图 13-25　设置站点远程信息的对话框

(8) 设置 FTP 主机的地址、登录名、密码等信息，该信息由虚拟主机提供商提供，如图 13-26 所示。

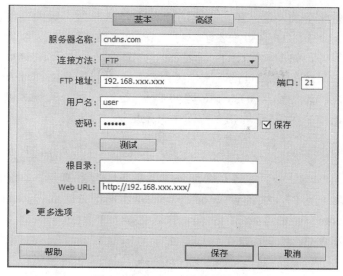

图 13-26　设置站点远程信息 2

(9) 单击"确定"按钮，设置完毕。

任务 7　上传文件

站点远程信息设置完毕后就可以开始上传网站了，现需把"个人博客"网站上传到申请的主机上。使用 Dreamweaver 或者专业 FTP 工具，都可以实现文件的上传。虚拟主机提供商告知上传"地址"、"用户名"和"密码"后，就可以上传文件了。

操作步骤：

(1) 在"文件"面板中单击"连接到远端主机"按钮  即可连接到设置的远程服务器上，如图 13-27 所示。

(2) 远程服务器连接成功后，"连接到远端主机"按钮会变成 状态，此时单击"上传文件"按钮 就可以上传站点文件了。

图 13-27　单击"连接到远端主机"按钮

知识点拓展

1．域名

(1) 域名的定义。网络是基于 TCP/IP 协议进行通信和连接的，每一台主机都有一个唯一的标识固定的 IP 地址，以区别在网络上成千上万个用户和计算机。网络在区分所有与之相连的网络和主机时，均采用了一种唯一、统一的地址格式，即每一个与网络相连接的计算机和服务器都被指派了一个独一无二的地址。为了保证网络上每台计算机的 IP 地址的唯一性，用户必须向特定机构申请注册，该机构根据用户单位的网络规模和近期发展计划，分配 IP 地址。

网络中的地址方案分为两套：IP 地址系统和域名地址系统。这两套地址系统实际上是一一对应的关系。IP 地址用二进制数来表示，每个 IP 地址长 32bit，由 4 个小于 256 的数据组成，数字之间用点间隔，如 166.111.1.11 就表示一个 IP 地址。由于 IP 地址是数字标识，使用时难以记忆和书写，因此在 IP 地址的基础上又发展出一种符号化的地址方案来代替数字型的 IP 地址。每个符号化的地址都与特定的 IP 地址对应，这样网络上的资源访问起来就容易很多了。这个与网络上的数字型 IP 地址相对应的字符型地址，就被称为"域名"。

(2) 域名的构成。一个域名一般由英文字母和阿拉伯数字以及横线(—)组成，最长可达 67 个字符(包括后缀)，并且字母的大小写没有区别，每个层次最长不能超过 22 个字母。这些符号构成了域名的前缀、主体和后缀等几个部分，组合在一起构成一个完整的域名。

以一个常见的域名为例，域名 www.baidu.com 是由两部分组成的，其中"baidu"是这个域名的主体，而"com"则是该域名的后缀，代表这是一个 com 国际域名，而前面的 www. 是域名 baidu 下名为 www 的主机名。

(3) 域名的类型。域名有两种类型，即国际域名和国内域名。

国际域名(inter national top-level domain-names， iTDs)，也叫国际顶级域名。这也是使用最早并且使用最广泛的域名。例如，.com 表示工商企业，.net 表示网络提供商，.org 表示非营利组织等。

国内域名(national top-level domain-names， nTLDs)又称为国内顶级域名，即按照国家的不同来分配不同的后缀，这些域名即为该国的国内顶级域名。目前，200 多个国家都按照 ISO3166 国家代码分配了顶级域名，如中国是 cn，美国是 us，日本是 jp 等。

在实际使用和功能上，国际域名与国内域名没有任何区别，都是互联网上的具有唯一性的标识。只是在最终管理机构上，国际域名由美国商业部授权的互联网名称与数字地址分配机构(the Internet Corporation for Assigned Names and Numbers， ICANN)负责注册和管理；而国内域名则由中国互联网络管理中心(China Internet Network Information Center，CNNIC)负责注册和管理。

(4) 域名的级别。域名可分为不同级别，包括顶级域名、二级域名等。

顶级域名又分为两类：一是国家顶级域名，二是国际顶级域名。目前，大多数域名争议都发生在.com 的国际顶级域名下，因为多数公司上网的目的都是为了赢利。为了加强域名管理，解决域名资源的紧张，Internet 协会、Internet 分址机构及世界知识产权组织(WIPO)等国际组织经过广泛协商，在原来 3 个国际通用顶级域名(com，net，org)的基础上，新增加了 7 个国际通用顶级域名：firm(公司企业)、store(销售公司或企业)、Web(突出 www 活动的单位)、arts(突出文化、娱乐活动的单位)、rec(突出消遣、娱乐活动的单位)、info(提供信息服务的单位)和 nom(个人)，并在世界范围内选择新的注册机构来受理域名注册申请。

二级域名是指顶级域名之下的域名，在国际顶级域名下，是指域名注册人的网上名称，如 ibm，yahoo，microsoft 等；在国家顶级域名下，是表示注册企业类别的符号，如 com，edu，gov，net 等。

我国在国家互联网络信息中心正式注册并运行的顶级域名是 cn，这也是我国的一级域名。在顶级域名之下，我国的二级域名又分为类别域名和行政区域名两类。其中，类别域名共有 6 个，包括用于科研机构的 ac，用于工商金融企业的 com，用于教育机构的 edu，用于政府部门的 gov，用于互联网络信息中心和运行中心的 net，以及用于非营利组织的 org。而行政区域名有 34 个，分别对应我国各省、自治区和直辖市。

三级域名用字母(A～Z，a～z 等)、数字(0～9)和连接符(-)组成，各级域名之间用实点(.)连接，三级域名的长度不能超过 20 个字符。如无特殊原因，建议采用申请人的英文名(或缩写)或者汉语拼音名(或缩写)作为三级域名，以保持域名的清晰性和简洁性。

2．虚拟主机

(1) 虚拟主机。虚拟主机(Virtual Host Virtual Server)是指使用特殊的软硬件技术，把一台计算机主机分成多台"虚拟"的主机，每一台虚拟主机都具有独立的域名和 IP 地址(或共享的 IP 地址)，且具有完整的 Internet 服务器功能。在同一台硬件、同一个操作系统上，运行着为多个用户打开的不同的服务器程序，互不干扰；而各个用户拥有自己的一部分系统资源(IP 地址、文件储存空间、内存、CPU 时间等)。虚拟主机之间完全独立，在外界看来，每一台虚拟主机和一台独立的主机的表现完全不一样。

虚拟主机技术的出现，是对 Internet 技术的重大贡献，是广大 Internet 用户的福音。由于多台虚拟主机共享一台真实主机的资源，每个用户承受的硬件费用、网络维护费用、通信线路的费用均大幅度降低，使 Internet 真正成为人人用得起的网络。

(2) 选择线路。目前，由于国内数据网络分别由两家公司运营，北方省市由中国网通运营，南方省市由中国电信运营，这导致了公司之间的网络宽带不够，出现了"南北互通不畅"的问题。因此，如果建立的网站主要是给南方的访问者浏览，就要选择使用中国电信线路的虚拟主机；反之，则选择中国网通线路的虚拟主机。当然，选择双线虚拟主机则更加稳妥，但价格也相对贵一些。

3．域名和虚拟主机的关系

通常，第一次建立网站时，都会在一家公司注册域名和租用虚拟主机，但是如果用户使用了一段时间后，对速度或者服务不够满意，这时就可能需要更换虚拟主机的公司。但通常不需要转移域名的注册公司，只需要在其他公司租用一个新的虚拟主机，然后在原公司中把域名解析地址设置为新的虚拟主机 IP 地址就可以了。也就是说，域名和虚拟主机是可以分离的两个产品，可以在两个公司分别购买。

实践任务

任务8　网站测试和发布

本章实践任务：模仿修改，完成制作一个班级网站，对该网站进行整体测试，测试后根据测试结果进一步修改网站，然后发布网站。网站效果如图 13-28 所示。

任务目的：

1．掌握站点的测试方法。

2．掌握站点测试中出现的各种问题的处理方法。

3．掌握域名和空间的申请方法。

4．掌握配置远程主机的信息，并发布站点。

任务内容：

对网站进行整体测试，包括检查链接、HTML 页面和目标浏览器，申请域名和空间，配置远程主机，发布站点。

图 13-28　班级网站

(素材：光盘\ch13\素材\实践任务\)

任务指导：

1．对网站进行整体测试。

2．在 www.mycool.net 网站申请一个免费域名。

3．在"美橙互联"网站申请一个空间。

4．根据空间提供商提供的上传"地址"、"用户名"和"密码"设置远程主机的信息。

5．使用 Dreamweaver 或者专业 FTP 工具上传站点文件。

本章小结

　　网站制作完成之后，要经过测试，发现并处理存在的问题，之后才能上传到服务器供访问者浏览。通过本章内容的学习，读者可以掌握站点的测试方法和测试内容，并懂得如何处理测试过程中发现的问题，同时也掌握如何申请域名空间和发布自己的站点供访问者浏览。

知识点考核

1．单选题

(1) 下面关于设计网站结构的说法中错误的是(　　　)。

　　A．按照模块功能的不同分别创建网页，将相关的网页放在一个文件夹中

　　B．必要时应建立子文件夹

　　C．尽量将图像和动画文件放在一个文件夹中

　　D．"本地文件"和"远端站点"最好不要使用相同的结构

(2) Dreamweaver 的站点(Site)菜单中，Get 表示(　　　)。

A．将选定的文件从远程站点传输至本地文件夹

B．断开 FTP 连接

C．将远程站点中选定的文件标注为"隔离"

D．将选定的文件从本地文件夹传输至远程站点

2．判断题

(1) Dreamweaver 站点报告使开发者可以改进工作流程，但不能对站点中的 HTML 属性进行测试。

  A．正确   B．错误

(2) Dreamweaver 站点提供了一种组织所有与 Web 站点关联的文档的方法。通过在站点中组织文件，可以利用 Dreamweaver 将站点上传到 Web 服务器、自动跟踪和维护连接、管理文件以及共享文件。

  A．正确   B．错误

(3) 可以在不设置 Dreamweaver 站点的情况下编辑网页文件。

  A．正确   B．错误

(4) 本地文件夹是 Dreamweaver 站点的工作目录。此文件夹可以位于本地计算机上，但不可以位于网络服务器上。

  A．正确   B．错误

第 14 章　网站综合应用实例

技能目标：

✧ 掌握网页制作的基本过程和技巧。

✧ 掌握 Div+CSS 网页设计的技术规范。

✧ 掌握 CSS 样式的设计与编写。

知识目标：

✧ 了解网站建设的前期准备工作。

✧ 了解 Div+CSS 网页布局方法。

任务导入

在网上冲浪时，面对千姿百态，丰富多彩的主页，你一定也产生了一种冲动，希望自己也能拥有一个既漂亮又有个性的网站，并使自己的网页能放在互联网上让访问者能浏览自己亲手制作的作品。

通过前面的学习，相信大家已经掌握了网页制作的基本操作和技巧。在这一章里，我们就来实战制作一个网站。网站按照主题分为个人网站、企业网站、商务网站等。本章以 Div+CSS 作为技术架构，介绍基于 HTML 语言的企业网站前台展示界面的制作过程。

任务案例

本章任务案例——实战"山东睿思律师事务所"企业网站，网站制作完成后的页面效果如图 14-1 所示。

(a)

(b)

(c)

图 14-1　企业网站实例

(效果：光盘\ch14\效果\任务案例\index.html)

(素材：光盘\ch14\素材\任务案例\)

任务解析

在制作网站之前，首先根据网站的主题定位网站风格，选择合适的颜色搭配，接着根据要展示的内容及要实现的特殊功能规划网站版块和栏目，然后再依据主题和版块内容搜集相关素材，前期的工作准备好之后再开始着手制作网站。

流程设计

完成本章任务的设计流程：

①前期准备工作；→②创建站点；→③网站主页制作；→④子页面制作；→⑤上传文件，发布网站。

任务 1 网站建设的前期准备工作

前期准备工作决定了网站建设的效率，工作准备得充分与否是网站建设成败的关键。准备工作主要包括对公司特点的调查分析、网站风格的定位、确定网站的栏目和架构、素材收集等。

1．网站整体需求分析

网站整体需求主要包括以下几个方面。

(1) 网站建设的背景及目标。主要包括公司的性质、业务领域、发展背景等，以及通过网站建设要达到的目标，比如是宣传公司形象还是拓展公司的业务领域。

(2) 网站建设的现状分析。通过调查研究，分析同领域网站建设的现状，并进行归类总结，找出同类公司网站建设的优点和不足，在后期建设过程中弥补不足，发挥优势。

(3) 网站建设的目标分解。通过调查分析，明确网站建设的目标，并将目标划分为若干个子模块，确定建站所使用的技术，是采用静态网页技术还是动态网页技术，采用何种数据库技术等。

(4) 网站建设资金与人员投入情况分析。确定网站建设的规模，申请域名，确定是购置服务器还是租用空间；通过网站建设的需求、模块划分确定建站资金和人员的投入情况；核算建站所需的时间；针对网站的规模和特点，分析由公司内部专门人员维护网站还是由网络公司对网站进行后期维护。

2．确定网站风格

根据企业特点，确定网站的整体风格，即网站的色彩和版式。本实例是针对一个律师事务所的网站，企业形象严肃权威，因此确定其主色调为冷色系的深蓝色，版式为规整的骨骼型结构。根据公司的背景及行业特点，使用图像处理软件设计网站 Logo，如图 14-2 所示。

图 14-2　网站 Logo

3．网站模块划分

根据需求分析的结果，划分网站的版块。该网站内容模块划分如图 14-3 所示。

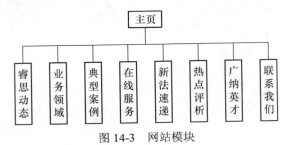

图 14-3　网站模块

4．网站素材收集

明确网站的主题和划分版块后，接着要为后续的网站建设收集素材。若想让网站有声有色，能够吸引顾客注意，就要尽量收集文字、图片、音频、视频、动画等多媒体素材。相关素材往往可以从公司获取。素材的准备很重要，使用收集的素材可以很方便地设计出网页顶部图像、动画或满足网站建设的其他需求。对于一些通用素材，可以从网上收集得到。另外，也可以根据需求自行制作素材，如通过 Photoshop 等图像处理软件对图像进行优化处理等。

任务 2   创建站点

网站建设的第一步是创建本地站点。建立站点的具体方法在前面的章节中已经介绍过了，根据本节实际需要再说明一下。

(1) 在 Dreamweaver 中，执行"站点"→"新建站点"命令，弹出"站点设置对象 lawyer"对话框，输入站点名称"lawyer"， 并设置文件在计算机中的存储位置"H:\lawyer\"，如图 14-4 所示，单击"保存"按钮。

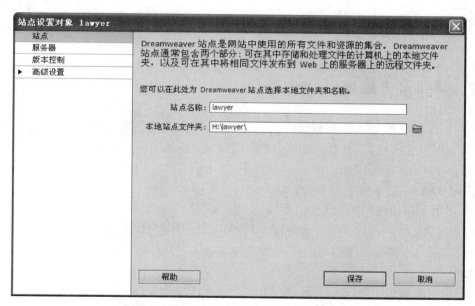

图 14-4   设置站点的名称和文件的存储位置

(2) 本地信息设置。在左边选择"高级设置"→"本地信息"选项，如图 14-5 所示，设置完毕后单击"保存"按钮。

默认图像文件夹：设置站点图片所在文件夹的默认位置。

链接相对于：默认为选择文档。

Web URL：输入网站完整的 URL。

区分大小写的链接检查：选择此项，在检查链接时会有字母大小写的区分。

启用缓存：选择此项，会创建一个缓存以加快资源面板和链接管理功能的速度。如果不选择此项，Dreamweaver CS5 在创建站点时会询问是否想创建一个缓存。

至此，本地站点建立完毕。单击"完成"按钮，站点信息将显示在"文件"面板中。如果需要对站点参数进行修改，可以单击"站点"→"管理站点"对站点重新设置。

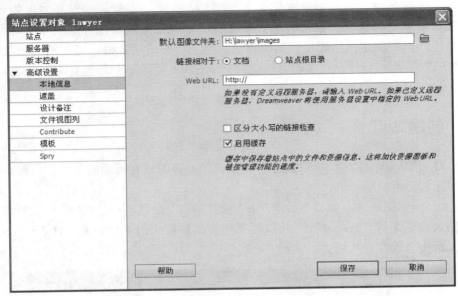

图 14-5   本地信息设置

任务 3   网站主页制作

网站整体采用 AP DIV 元素进行布局，使用 CSS 样式表对布局进行格式化。其中，AP DIV 作为容器，主要用来存放各种页面元素；CSS 样式表用来设定页面元素的属性。

1. 使用 AP DIV 布局页面

使用 AP DIV 元素实现页面布局，步骤如下。

(1) 在 Dreamweaver 中，执行"窗口"→"文件"命令打开"文件"面板，在面板中右击新建一个网页文件，并将其以"index.html"为文件名保存在创建的站点中。

(2) 在站点内新建一个文件夹，命名为"images"，将收集好的图片素材存放到该文件夹中，如图 14-6 所示。

(3) 双击"文件"面板中的"index.html"将其打开，为其标题命名为"山东睿思律师事务所"。执行"插入"→"布局"→"绘制 AP Div"命令，在文档中绘制多个 AP Div，设置它们的嵌套关系。设置后的"AP 元素"面板如图 14-7 所示；布局后的页面如图 14-8 所示。

(4) 为 AP Div 元素设置 CSS 样式。由于网站的首页和子页面采取相同的布局风格，因此样式表采用外部链接样式表。执行"格式"→"CSS 样式"→"附加样式表"菜单命令打开"链接外部样式表"对话框，设置"文件/URL"值为 index.css，如图 14-9 所示，单击"确定"按钮。

(5) 选中创建的 AP 元素"container"，在右侧的"CSS 样式"面板中右击，在弹出的菜单中选择"新建"选项，打开"新建 CSS 规则"对话框，并进行相应的设置，如图 14-10 所示。

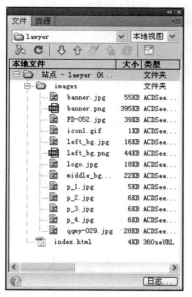

图 14-6 新建的文件和文件夹

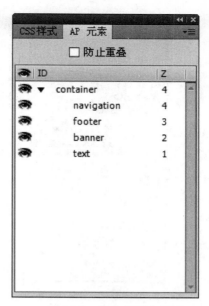

图 14-7 "AP 元素"面板

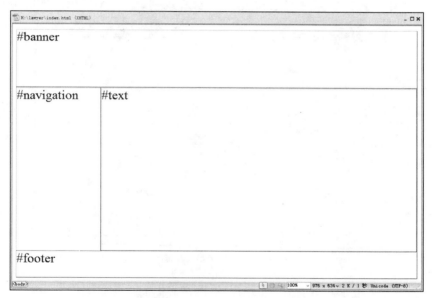

图 14-8 用 AP 元素布局页面

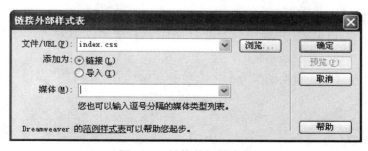

图 14-9 链接外部样式表

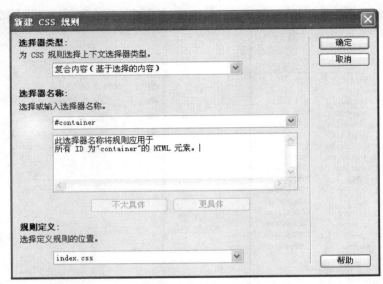

图 14-10 新建 CSS 规则

(6) 单击"确定"按钮,弹出"#container 的 CSS 规则定义"对话框,如图 14-11 所示。

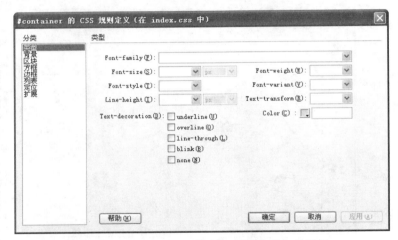

图 14-11 "#container 的 CSS 规则定义"对话框

(7) 设置分类列表框下的"背景"选项卡,设置文档的"背景颜色"为#FFF,单击"背景图像"右侧的"浏览"按钮,选择一幅已经准备好的图像作为背景图像。设置背景图像的"重复"属性为纵向重复,设置后的对话框如图 14-12 所示。

(8) 在分类列表框中,切换到"区块"选项卡,设置"文本对齐"属性为左对齐,如图 14-13 所示。

(9) 在分类列表框中,切换到"方框"选项卡,设置 AP Div 的"宽度"为 780px,"上边界"为 1px,"下边界"为 0px,如图 14-14 所示。

(10) "边框"和"列表"选项卡的属性保持默认设置。切换到"定位"选项卡,设置"类型"为相对,"宽度"为 780px,如图 14-15 所示。单击"确定"按钮,完成对"#container"元素样式的定义。设置后的"CSS 样式"面板如图 14-16 所示。

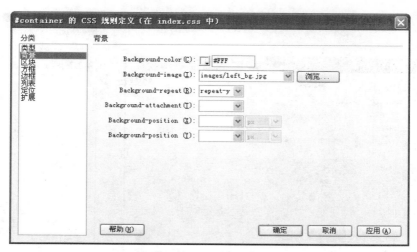

图 14-12　设置"背景"样式

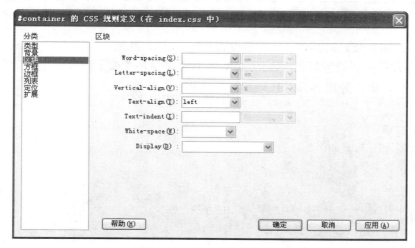

图 14-13　设置"区块"样式

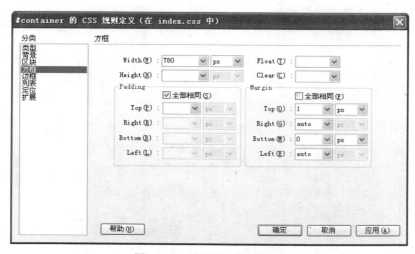

图 14-14　设置"方框"样式

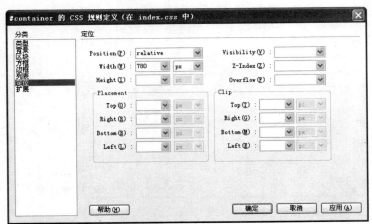

图 14-15　设置"定位"样式

图 14-16　CSS 样式面板

(11) 按照上述步骤，对其他 AP 元素设置 CSS 样式。当然，也可以在 index.css 文件里手动输入 CSS 样式代码。设置后的 index.css 文件中的代码参考如下(注意，在"/*"和"*/"之间的是注释部分，该部分内容只对代码起注释作用)。

```
#container{
    Position:relative;
    Margin:1px auto 0px auto;
    Width:780px;
    Text-align:left;
    Background:#FFFFFF url(images/left_bg.jpg) repeat-y;
}
#navigation{
    Width:148px;
    Border-right:2px solid #003366;
    Float:left;
}
#text{
    Float:left;
    Width:580px;
    Margin:10px 15px 35px 15px;
}
#footer{
    Clear:both;
    Text-align:center;
    Background-color:#006699;
    Margin:0px;padding:1px;
```

```
    Border-top:2px solid #003399;
    Border-bottom:4px solid #003399;
}
```

2．设置页面属性

在 index.css 样式表文件内部设置网页的页面属性。页面属性是对<body>标签属性的设置。代码如下所示：

```
Body{                                    /* 定义页面属性 */
    Background-color:#eeeeee;            /* 设置背景颜色#eeeeee */
    Margin:0px;                          /* 设置边距 0px */
    Padding:0px;                         /* 设置间距 0px */
    Text-align:center;                   /* 对齐方式为居中对齐 */
    Font-size:12px;                      /* 正文大小 12px */
    Font-family:Arial,Helvetica,sans-serif;  /* 设置字体 */
}
```

当然，也可以打开 index.html，执行菜单栏中的"修改"→"页面属性"命令，打开"页面属性"对话框，进行相应设置。"页面属性"对话框各选项的设置情况如图 14-17 所示。

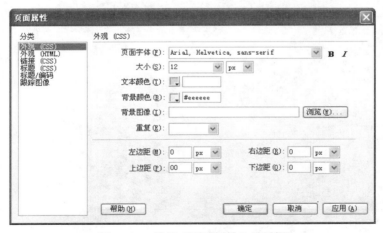

图 14-17　设置"页面属性"对话框

3．插入图片

为顶部的 banner 元素插入一幅图像。

操作步骤：

(1) 选中页面顶部的 AP 元素 banner，并将光标定位在其内部。执行菜单栏中的"插入"

→ "图像"命令，打开"选择图像源文件"对话框，如图 14-18 所示。

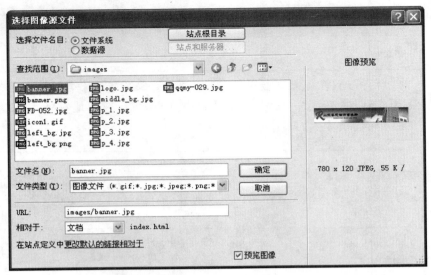

图 14-18　选择一幅图片

(2) 在弹出的对话框中，选择一幅已经准备好的图片素材，单击"确定"按钮。可以看到，在文档的 banner 元素中增加了一幅图片，效果如图 14-19 所示。

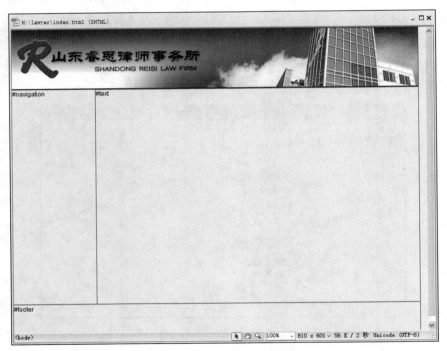

图 14-19　插入的 banner 图片

图像、动画、音频、视频等多媒体元素，可以直观地展示信息，在多媒体网页设计中占有很重要的地位。由于篇幅有限，本案例不再介绍在该网页中添加其他多媒体元素的方法。可以根据前面章节的相关内容，尝试使用各种多媒体元素丰富网站表现形式。

4．添加导航条

网页导航条是非常重要的网页元素，网页间的跳转需要通过导航条来完成。导航条的设计要尽量颜色突出、美观。该网站以"列表项"的形式为网页设计导航条，并为列表项添加CSS样式。

操作步骤：

(1) 将光标定位在"navigation" AP Div 元素，在其内部输入列表项，并为列表项的各个单元设置超链接。设置情况如图 14-20 所示。

图 14-20　为列表项添加超链接

(2) 选中该列表项，为其添加 CSS 样式，由于该样式比较复杂，需要在 index.css 文件中输入相关代码，代码如下。

```
#navigation ul{                              /* 定义 navigation 中的无序列表 */
  List-style-type:none;                      /* 不显示项目符号 */
  Margin:0px;                                /* 边距为 0px */
  Padding:0px;                               /* 间距为 0px */
}
#navigation li{
  Border-bottom:1px solid #0099cc;           /* 设置下边框样式，作为下画线 */
}
#navigation li a{                            /* 设置超链接 */
  Display:block;                             /* 设置区块显示*/
  Padding:5px 5px 5px 0.5em;                 /* 设置间距 */
  Text-decoration:none;                      /* 文本修饰无 */
  Border-left:12px solid #003366;            /* 左边框为 12px 实边 #003366*/
  Border-right:1px solid #0066ff;            /* 右边框为 1px 实边 #003366*/
}
#navigation li a:link, #navigation li a:visited{ /*设置超链接和访问过的超链接样式*/
```

```
    Background-color:#006699;                        /* 设置背景颜色*/
    Color:#FFFFFF;                                    /* 设置文字颜色 */
}
#navigation li a:hover{                               /* 鼠标经过超链接样式 */
    Background-color:#003366;                         /* 改变背景颜色*/
    Color:#FFFF00;                                    /* 改变文字颜色 */
}
```

该样式表使用列表项实现导航菜单功能。当鼠标处于不同状态时，导航菜单出现不同的鼠标特效。

(3) 执行"文件"→"保存"命令保存 index.html 页面，按 F12 键可切换到浏览器中浏览网页，鼠标经过前的效果如图 14-21 所示，当鼠标悬停在导航栏上时，效果如图 14-22 所示。

图 14-21　鼠标经过前的导航栏

图 14-22　鼠标悬停时的导航栏

5．输入文本

文本的形式简便，所呈现的信息丰富，是网页里面最常见的元素。

(1) 选中 AP Div 元素"Text"，将光标定位在其内部，添加文字。

(2) 选中页面的第一行文本，展开底部的"属性"面板，将其"格式"设置为标题 3。在样式表文件"index.css"中为该标题设置下画线效果，即设置<h3>标签的 CSS 样式。在"index.css"添加如下代码：

```
#text h3{                                    /* 设置"text"元素中 h3 样式 */
    Font-size:15px;                          /* 设置文字大小为 15px */
    Margin:0px 0px 10px 0px;                 /* 设置边距 */
    Padding:10px 0px 1px 0px;                /* 设置间距 */
    Border-bottom:1px dotted #003366;        /* 设置下边框样式,作为下画线 */
}
```

(3) 保存文档 index.css。切换到 index.html,标题添加了下画线,效果如图 14-23 所示。

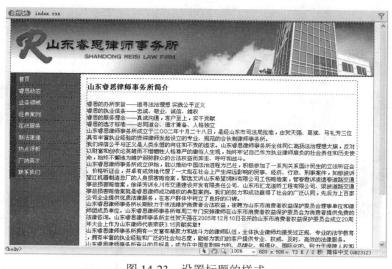

图 14-23 设置标题的样式

(4) 选中 AP 元素"footer",为该元素添加版权信息、公司地址、联系方式等信息,如图 14-24 所示。至此,网站首页设计完毕。

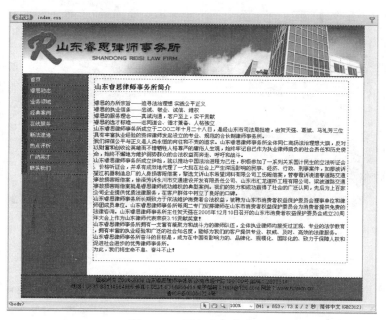

图 14-24 添加底部信息

(5) 保存网页文档，按下 F12 键在浏览器中浏览效果。

任务 4　子页面制作

仿照主页面，继续为网站添加子页面。图 14-25～图 14-27 给出了几个典型的子页面的设计效果。请读者结合前面所学知识，参照提供的子页面效果制作各个子页面。

图 14-25　"睿思动态"子页面效果

图 14-26　"业务领域"子页面效果

至此，该网站设计完毕。接下来的工作是将网站上传到服务器上，推广网站，让尽可能多的用户浏览网站，发挥网站的宣传功效。

网站建设并成功发布后，网站的后期维护工作尤为重要，后期维护包括文件上传更新、升级服务器性能等。

图 14-27 "经典案例" 子页面效果

在建设网站之前，需要对网站进行需求分析。网站需求分析要立足实际，对企业的背景、发展历史、企业现状等内在因素和客户特点进行详细调查分析，然后根据企业和客户特点对网站进行总体规划。

对于网站需求分析，有条件的话，可以针对公司领导层、管理层、作业层和潜在客户进行问卷调查，通过对调查问卷的分析，得出科学的结论，生成需求分析报告，供相关人员参阅。

任务 5 设计制作"特瑞科汽车网"网站

本实践任务是设计与制作一个"特瑞科汽车网"的网站，效果如图 14-28 所示。

任务目的：

1．掌握网站建设的前期准备工作。

2．掌握综合网站建设的一般流程。

3．初步掌握使用 DIV+CSS 技术布局网页。

任务内容：

设计制作"特瑞科汽车网"的网站，该网站主要是展示公司产品的形象。网站首页和子页面采用相同的布局结构，分别由首页、关于我们、产品中心、管理体系、客户、人才招聘、联系我们 7 个页面构成。

任务指导：

1．网站以暗红色作为背景的主色调。

2. 创建本地站点。

3. 制作首页。

4. 因首页和子页面布局相同，可以采用框架模版创建各个子页面。

(a)

(b)

图 14-28　网站首页

(效果：光盘\ch14\效果\任务案例\index.html)

(素材：光盘\ch14\素材\任务案例\)

本章小结

　　本案例通过某公司网站的设计与制作，介绍了使用 DIV+CSS 进行网站设计的技术规范和步骤。由于 DIV+CSS 逐渐成为网站布局技术的主流，因此，熟练掌握该技术，对于网页设计者来说，是非常必要的。用户可以发挥自己的想象力，继续丰富页面内容。

参 考 文 献

[1] 池同柱.网页设计与制作案例教程.北京：机械工业出版社，2009.

[2] 李敏.网页设计与制作案例教程.北京：电子工业出版社，2009.

[3] 杨森香.聂志勇.网页设计与制作案例教程.北京：北京大学出版社，2009.

[4] 曾广雄.网页制作实例教程.沈阳：辽宁大学出版社，2008.

[5] 李光明，曹蕾，余辉.中文 Dreamweaver 8 网页设计与实训教程.北京：冶金工业出版社，2006.

[6] 缪亮，薛丽芳，朱志国. Dreamweaver MX 2004 基础与实例教程（职业版）. 北京：电子工业出版社，2005.

[7] 时延鹏. Adobe Dreamweaver CS3 网页设计与制作技能案例教程.北京：科学出版社，2010.

[8] 王诚君.Dreamweaver8 网页设计应用教程.北京：清华大学出版社，2007.

[9] 马增友，于俊丽，刘辉.Dreamweaver CS3 网页设计与制作技能实训教程.北京:科学出版社，2010.

[10]   李敏 .Dreamweaver 网页设计与制作案例教程.北京：中国人民大学出版社，2010.